自然とヒトにやさしい「量子論」

吉成正夫

講談社エディトリアル

はじめに

量子論と人間社会が深く関係していると考えて、2022年に『量子論でみる社会と経済』（東京図書出版）を上梓しました。「量子の特性」「関係と変化」などは、量子論の中心となるテーマです。出版社にお断りして本書にもその多くを転載いたしました。

量子論について二冊目を上梓する目的は三点あります。

第一に、チャットGPTが公開されて、大きな衝撃を与えました。それまで人工知能（AI）は専門家の領域にありました。ところがチャットGPTは自然言語で問いかけることが出来ます。社会に与えるメリットが大きい一方で、いろいろな弊害が指摘されています。量子論を「ヒトの科学」として「ヒト対AI」の関係を考察しました。

第二に、未来学者レイ・カーツワイルは2005年に『シンギュラリティは近い』（日本語翻訳版『ポスト・ヒューマン誕生』、井上健監訳、小野木明恵／野中香方子／福田実共訳、NHK出版、2007）を上梓し、2045年にAIは人類の知性を上回り、技術的特異点（シンギュラリティ）に到達すると予測しました。そのとき人間とＡＩがどういう関係に立つのかと議論されています。それにはＡＩとは何か、人間とは何かが問われなければなりません。そこで量子論をさらに深く掘り下げることといたしました。

第三に、これまでの教育の目的は、知識を習得し、それを論理的に組み立て、的確に外部に発表することが中心でした。ところがチャットＧＰＴおよび、芸術、音楽を含めた生成ＡＩはそうした領域に深く関わろうとしています。私たちは、これからＡＩとどのように協業していくのか、あるいはどのように立ち向かっていくのかが問われます。とくに教育や企業経営のあり方がキイポイントです。

文系の方々が量子論からイメージするのは「量子力学」であり「量子コンピュータ」であって、「量子」は自分たちには無縁の存在だと考えられるようです。

生命、あるいは人間を構成しているのは「量子」です。この魅力的な「量子の特性」を基底に人間なり社会を考察することが真に科学的な態度と考えています。

２０１６年3月、人工知能のアルファ碁（グーグル・ディープマインド社開発）と世界最強プロ棋士の李世乭（イ・セドル）九段が対決し、人工知能に軍配が上がり、にわかに人工知能が脚光を浴びました。その延長線上に「量子コンピュータ」が経済誌に報道されるようになりました。この「量子」とは一体何だろうと疑問をもちました。考えていくほどに「量子の不思議な特性」に魅了させられました。「量子はまるで人間じゃないか」との驚きです。

現役時代、あるご縁で「色即是空」つまり「空の思想」と出会いました。この出会いがなかったら、量子論に出会っても「量子は人間そのもの！」と感動しなかったのではないかと思います。

量子論の考え方には、仏陀の「空の思想」がすべてはいっているのです。科学の議論と実験によって明らかにされた「量子の特性」にはそれ以外にも多くの特性があり実に不思議な存在です。

約2500年の時を経て、東洋の思想と西洋の科学が同じ軌道上で出会ったということは感動的です。

『量子論でみる社会と経済』と題する前著では、量子の特性と社会や経済が関わる記述にとどめ、量子論の次の展開については触れませんでした。知識が浅いこともありましたし話が混線してくることを恐れたからです。

その後に「超弦理論」の解説を読み、ブラックホールから「宇宙論」「インフレーション宇宙論」へと思いがけない世界に遭遇しました。文系人間ですので限定的な理解に留まりますものの「人間とは、生命とは何か」について次元の異なる視野が開けてきました。

２０２２年11月末に「チャットＧＰＴ」が公開され、人工知能の世界が、ＡＩの専門家から一般の人々までが自然言語で利用できるようになりました。いわばＡＩの民主化です。それぱかりではありません。ＡＩがさらに進化した先には、ＡＩが人間を支配するのではないかとの恐怖論もでています。欧米のＡＩ研究家の間ででている議論です。そのためにも「ヒト対ＡＩ」の考察が求められます。それもこの本を書いた動機です。

さらに人間とＡＩの分業・協業の在り方、量子コンピュータが一段と進化した先の経済の姿にも思案をめぐらしました。

目次

第Ⅱ部　量子論は生命の科学

第3章　投資の現場で考えたこと——「空の思想」と「量子論」　40

第4章　量子力学の登場——思考の大転換　46

第8章 宇宙論と社会 92

第9章 社会・経済と量子の特性 96

第Ⅲ部　社会の「関係性と変化」および「相補性」

ブックデザイン　next door design

第Ⅰ部　生成ＡＩと「社会」

第1章　生成ＡＩは「社会革命」

——わたしは主のしもべです——

1．チャットＧＰＴの衝撃

２０２２年11月末にＯｐｅｎＡＩ社が公開したチャットＧＰＴは世界に衝撃を与えました。

これまでＡＩとは専門家の世界というイメージがありました。ところがチャットＧＰＴは小学生でも誰でも使えます。生まれた時からデジタルが身近にあることから「デジタル・ネイティブ」と呼ばれている子供たちに身近なＡＩになりそうです。

チャットＧＰＴのもつ革命性に誰もが気づき世の中が一気に動き始めたのです。まずＯｐｅｎＡＩ社のライバルであるビッグテックの動きです。翌年の２０２３年2月6日、グーグルは大規模言語モデル（ＬＬＭ）を使った対話型ＡＩ「Ｂａｒｄ」をテスト公開しました。2月7日、マイクロソフトはＯｐｅｎＡＩ社と提携して検索エンジンＢｉｎｇＡＩを公開しました。4月13日、アマゾンは「アマゾン・ベッドロック」を立ち上げＯｐｅｎＡＩ社に対抗しています。7月5日、メタはツイッターの代替版である「スレッズ」を発表し5日間で登録者は1億人に達しました。ビッグテックは短期間に相次いで新商品を発表したのですから、チャットＧＰＴのインパクトがいかに大きかったかが判ります。

日本ではまず教育界です。一部の小学校をはじめ大学に至るまで生徒・学生の方がＡＩの使い勝手の良さに目を付けました。小学生は宿題の読書感想文にＡＩを使えば立派な感想文が出来上がります。大学生もＡＩで作成した論文を提出すると教授もどこまでが学生が作成したのか判別できません。論文をＡＩに問えば、ＡＩ引用は何パーセントと回答してくれますが、いちいちそんな手間をかけていられません。大学では独自の指針を作成しているようです。小学校ではＡＩにどのように向き合うのか試行しているのが約1割弱だそうです。あとは全体の流れを見定めながら次第に広がっていくと思われます。学校によって対応がまちまちということは今後の教育が学校によって格差が拡大するということです。

文部科学省では２０２３年7月に「初等中等教育段階における生成ＡＩの利用に関する

暫定的なガイドライン」を公開しました。かなり素早い対応といえます。

産業界で生成ＡＩを自社に取り込んで生産性の向上に努めていると新聞が連日掲載しています。これまでわが国のデジタル対応は周回遅れと揶揄されてきました。経済産業省、総務省、文科省などは今度こそＤＸに乗り遅れないようさまざまな施策を打ち出していますが、欧米などに比べると今回も立ち遅れは否めないとのアンケート調査が報道されています。わが国全体としてのデジタルマインドが根付いていないことが大きいのではないでしょうか。ＡＩの活用は専門家に任せるのではなく、経営の根幹としてトップがみずからの判断と舵取りが必須です。

2．生成ＡＩはチャンスかリスクか

わが国はこれまで競争よりは現状維持を好む傾向が強かったと考えます。グローバリゼーションが進む国際社会の中ではぬるま湯に浸かる「ゆでガエル」、つまり安楽死の方向に向かっている感がありました。若者も海外留学を好まず、大学の国際ランキングも毎年じり貧状態です。１９９０年、バブルが崩壊した後、北欧諸国は舵を切り「ヒト・モノ・カネ」の経営資源を素早く成長分野に切り替えることで体質を強化しました。

一方、わが国はそうした血を流す新陳代謝を避けてきた結果、「失われた30年」となり、我が国の政府債務残高対GDP比は2022年時点で261・3％（財務省確報値）まで積みあがりました。今回のチャットGPTは日本にとって大きなチャンスです。生成AIに代替される職業は事務作業ばかりではありません。会計士、弁護士などや、コンサルタントを含む報酬の高いホワイトカラー層などが知識、記憶力、文章作成の処理スピードの面で大幅に変革されていくはずです。

3．AIにハイジャックされた？「過去の世界」および「論理の世界」

これまで機関投資家の一員としてお金の運用に携わってきました。

機関投資家の顧客は大きな組織ですから将来の考え方を論理的に説明すると納得してくれます。機関投資家内部も同じです。ところが現実のマーケットは、みんなが納得する見方は、いわば大衆投資家の考え方に近くなり大方外れてしまいます。現実は次々に新たな事件が起きて、それを中心に世の中が動いていきます。例えば9・11のアメリカ同時多発テロ事件、3・11の東日本大震災、2008年リーマンショック、ウクライナ紛争、ハマスのイスラエル侵攻、等々です。これからもそうです。現実にはさまざまな情勢を観察し、それが資本市場とどのように関係していくのかを読み解きます。いわば「洞察力」の競い合いなのです。

では論理性とは何でしょうか。論理性は「過去」に基づいた思考法であると考えます。過去の事象、過去の経済現象、経済指標などのデータを収集し分析し組み立てています。そうした説明は誰もが「既視感」があり説得力を持ちます。よく「エビデンスを示せ」と言いますが、多くは過去の事例を枚挙しただけの説明のことが多いのです。

時制で仕分けしますと「過去」「現在」「未来」です。

「過去」は、無限にあった選択肢の中で一つ選択され時系列で一本の線につながったもの。

「現在」は、無限の選択肢が目前に展開されている状態。

「未来」は、選択肢がまだ姿を現していない状態。

と分けることが出来ます。

従ってこれまでの世の中の制度、教育、人材の選抜は過去を基準に設計されてきました。

現実の資産市場の進行は「現在」から「未来」に向かっているのに対して、証券市場の分析、人材登用、選抜システムなどの視点は「過去」に向いていると感じていました。

ところが「チャットGPT」が登場することで、人間の叡智の結晶として組み立てられていた「過去に基づく」システムの多くは、「チャットGPT」にハイジャックされてしまったのではないかと当初考えました。いつかはそうした方向に進むのではないかと期待を込めて予想していましたが、現実にあらわれたチャットGPTは想定外の展開でした。極論かもしれませんが、確率と統計で構築された人工知能であって、どこまで信じていいかわからない「空っぽ」の「人工知能」と評価されます。138億年かけて創り上げられた「ヒトの叡智」は空虚な人工知能に置き換えられることはありえません。

思い出してください。2008年に起きた「サブプライムローン」に端を発する金融危機を。「サブプライムローン」はアメリカの低所得者層を対象にした住宅ローンです。ローン債権を証券化して他の信用の高い債権と組み合わせてリスクを薄めた証券です。当時は景気が良く住宅価格は上昇していましたからなんの不安もなく販売は好調でした。とくに欧州では運用難から競って購入されていました。ところが一旦住宅価格が値下がりし、サブプライムからプライムローンへの借り換えが困難になりますと住宅ローンは不良債権化しました。信用の低いサブプライムローンがどの証券にもスライスして組み込まれていますから、疑心暗鬼となって全面的に信用取引がストップする異常事態を引き起こしてしまったのです。チャットGPTも通常に利用されているうちは便利な道具ですが、虚偽の知識で大きな事故が起きたりしますとAIの信用度は一気に崩壊してしまうことが懸念されます。人工知能の著作権問題、情報・知識の信頼性などをチェックして利用していくことが求められます。

人工知能による情報・知識の高速処理能力は魅力です。これまでの知識・記憶力に依存してきた社会の仕組みは大きく変わっていくのは確かです。新たな変化に向かって熾烈な競争が始まることでしょう。

一方で、それについていけない多くの人は脱落し、世の中の格差は一段と拡大します。「生徒間格差」「クラス間格差」「学校間格差」「地域間格差」「老若間格差」「国際間格差」と世の中は格差だらけになり不安定化していきそうです。

歴史学者ユヴァル・ノア・ハラリは「役に立たない階級の人が増加する。いかに人間が主体性を失わないように規制し、優位性を保てる方法を議論しなければならないが、AIはさらに賢くなる方法を知っているので厄介だ」（『週刊東洋経済』２０２3年7月29日号）と述べています。欧米ではAIはコントロール不能との見解が多くみられます。

未来学者、ＡＩ研究家のレイ・カーツワイル（１９４８〜）は前出の著書『シンギュラリティは近い』（日本語翻訳版『ポスト・ヒューマン誕生』）でシンギュラリティ（技術的特異点、つまり人工知能が人類の知性を上回る）は２０４５年と予測して評判になりました。これは後半のテーマですが、１３８億年かけて現在の姿に至ったヒトに追いつくのはまだまだとみています。

卑近な例を挙げます。わたし自身が高齢化とともに難聴となり、いろいろな補聴器を試してみました。そこで感じるのはわれわれの聴力の素晴らしさです。補聴器はデジタルの高額医療用機器で、いろいろな機能が付加されていることは評価できますものの機能によっては数千円のイヤホーンにも劣るところもあります。

ただし、現在の人工知能のレベルは核兵器同様、使う人間によっては人類を滅ぼす能力があります。人工知能のレベルの問題ではなく、使用する人間の問題と考えます。

チャットＧＰＴ（生成ＡＩ）の出現によって、仕事の取り組みや社会を大きく変えていくかもしれません。理系人材が不足していると報道されていますが、むしろ社会の仕組みをＡＩに置き換える発想力、構想力が重要であって、それをＡＩにつなぐのはそれほど難しいことではなくなりました。これが今回のチャットＧＰＴ（生成ＡＩ）が社会革命と目される理由です。

既に述べましたが、私たちの社会はこれまで過去を重視してきました。これまでの教育は、過去の事件や事象などを記憶し要領よくまとめて発表する能力に重きが置かれてきました。

人材を選抜する試験も記憶力に比重がかかっていました。多くの人々の脳裏には「そんなことがあったな」とか「そんなことを教わったな」と自分の経験知識に照らし合わせて納得します。話をする人と、それを聞く人の共通の場、これがいわば「論理性」の装いをとっていたのです。これに方程式を付け加えるともっと「論理性」が高まるように見えます。しかし運用の成果を高めることと「論理的に説明できる」ことは異なります。むしろ二律背反かもしれません。「理路整然と高値を摑み」という相場の格言があります。株価でも他の商品市況でも構いませんが、現在わかっている楽観論・悲観論の材料はすでに現在の株価なり市況に織り込まれているためです。

未来にかけて新しい情報が報道されたりしますとそれを反映して「市況」が動きます。

株価やその他の債券、為替、商品などの市場を動かしていくのは、投資家の方々に報告し説明してきたことではなく、新たに起きる事件や事象によって動き、新たな流れに向かっていきます。

退職してみますと、経済や運用の議論の中にしめる「論理性」はそれほど大きくないことに気づかされます。それでも社会全体の営みの中で、人材の選抜は「偏差値の高さ」であり、それはやはり「様々の事象の記憶力」であり「論理的な思考能力」に比重がかかっていました。

こうした能力や偏差値的なものはチャットGPTに乗っ取られつつあります。「ヒトが本来取り組むべき仕事」、例えば、異常気象、緊張関係にある地政学にどう取り組むか、民主国家から専制国家へシフトする傾向性、グローバルサウスと先進国間の調整、等々いろいろあります。とは言いましても「ヒト本来の仕事」と「人工知能の論理性」は二者択一ではありません。これも量子論の特性の一つである「相補性」の関係にあります（後述）。両者は相互に補い合って、よりよい社会をつくっていくことが大切です。

今多くみられる意見は、「人工知能とどのように付き合っていけばよいのか」、「人工知能に職を奪われるのではないのか」。あるいは人工知能が人類の知性を追い越す「シンギュラリティ（技術的特異点）」に遭遇して人類は滅亡するのではないか、など様々です。

これらの漠然とした不安にとどまらず、ＡＩリスクの軽減を目指す非営利団体 Center

for AI Safety（CAIS）が、AI専門家や各界著名人による共同声明『Statement on AI Risk』（AIの危険性についての声明）を公表しました。AIによる人類絶滅リスクはパンデミック、核戦争と並ぶ人類のリスクであると警鐘を鳴らしています。これにはイーロン・マスクを含む35名以上が署名したそうです。

AIをめぐる問題は人間の営みにAIが踏み込んできた形になっています。これらの領域はもともとAIの領域であったと考えます。教育、人材選抜のための試験、社会の制度設計など過去に依存する人間の営みの多くをAIへと引き渡すことができるならば「社会革命」ともいえる大変革です。

人間は本来やらねばならない仕事に専念し、これまでの社会運営のかなりの部分をAIに委ねることで効率的に活用していくならば生産性が上昇します。産業革命以来の生産性上昇部分の多くは企業利潤に属しました。資本の所有者である資本家は生産性上昇で付加された部分は資本家に属すると当然視してきました。

今回はどうでしょうか。いまは「インフレ」への対応が当面の課題になっています。しかし世の中が平常に戻るならばむしろ「デフレ」への対応が課題になると考えます（『量子論でみる社会と経済』吉成正夫著、東京図書出版、2022　参照）。

「インフレ」は戦後経済の総決算の感があります。グローバル化の巻き戻しであるディグローバリゼーション。またパンデミックもサプライチェーンの混乱も国際化の反動と考えられます。ウクライナ紛争、石油価格の高騰、中国経済の停滞、等々。異常気象もすべてインフレ要因であり、戦後の高成長の負の側面が表面化しました。しかし、これだけのインフレ要因が累積している中で、先進国の金利水準は２～４％前後に留まっています。１９７０年前後では二桁金利でした。底流にはデフレ要因が進行していると考えています。インフレ要因が解消したならば金利をプラスに維持するのはかなり努力がいるのではないでしょうか。

これから先、投資は非資産化（デジタル化、ＡＩ化、データ化、サイバー化など）しますし、量子コンピュータのｑｕｂｉｔ（キュービット）が半導体の「ムーアの法則」のように進化するなら、世の中の景色が変わってきます。２０１１年、Ｄ－Ｗａｖｅ社が商用化した量子コンピュータの「量子アニーリング」は「組合せ最適化問題」などの限定的な適用に限定されると言われています。「組合せ最適化問題」の事例としてよく引用されるのはセールスマンが複数の都市をどのように効率的に巡回したらよいかという「巡回セールスマン問題」です。量子コンピュータはスーパーコンピュータのように「計算」をベースにしていません。「極微細な素粒子の世界で見られる状態である『重ね合わせ』や『量子もつれ』、あるいは壁をするりと抜ける『量子トンネル効果』などを利用して、従来の電子回路などでは不可能な超並列的な処理を行うことができると考えられています」(https://ja.wikipedia.org/wiki/量子コンピュータ　参照)。

量子コンピュータは「自然界の理(ことわり)」ではないかと考えます。自然界に計算はありません。自然界の四季の移り変わり、動物の不思議な行動、蜘蛛が巣をつくったり、ハチドリがホバリングして花の蜜を吸ったりする生態、等々の不思議さはいわば「量子コンピュータの世界」であって、私たちは計算を積みあげてきたスーパーコンピュータから「自然界の理」の入り口に立ったのではないでしょうか。

自然界は「計算」ではなく、むしろ「組合せ最適化」やほかにも多くの「自然界の流儀」があるはずですのでそれを学びその流儀を拝借することが、これからの「学び」になると考えます。

GDPの空洞化は以前から指摘されていましたが、量子コンピュータのqubit数が現在の128から1000へ、1000から1億、10億へと進むにつれ自然界の入り口から中へ中へと踏み込むことができると期待しています。

ここで付言しておかなければなりません。今回のチャットGPT（生成AI）は言葉などの確率・統計によって組み立てられています。あたかも「意味」の裏付けがあるかのように滑らかに言葉が綴られていますが、残念ながらそこに「意味」はありません。ときどき間違いを犯しますし、情報やデータの濃淡によって、右にも左にも動くことがあります。ですから「過去」をそのままAIに引き渡すことはできず、ヒトが慎重にチェックし規制しなければなりません。最近気づくことですが、著作権問題・フェイクニュースなどの問題が顕在化してAIの切っ先が鈍ってきたようです。インターネットの情報量・中身にも限界を感じています。これからはAIを人間の使い勝手の良いように改善し、社会システムの生産性向上に資するAIが目標になります。

人工知能の歴史を簡単にご説明します。

第2章　ＡＩ（人工知能）とは
——やっとお務めを果たすときがやってきた——

1．ＡＩの歴史——今は第三次ブーム

これまでＡＩについていろいろ語られてきました。ＡＩのレベルが期待値に達していないこともあって議論は抽象的な段階に留まっていました。それがにわかに脚光を浴びてきたのは今から8年前の２０１６年からです。そのきっかけとなったのは、グーグル・ディープマインド社が開発した「アルファ碁」と韓国のプロ棋士李世乭（イ・セドル）との対戦でした。２０１６年3月9日から15日にかけての五番勝負で、アルファ碁が４勝１敗で勝利を収めました。

それまでチェスや将棋ではコンピュータがプロを相手に勝利しました。しかし囲碁は人工知能にとって難問中の難問であり、プロ棋士に勝つのは10年早いと言われたものでし

た。その日から連日、報道は人工知能の話題で持ちきりになりました。

２０２０年に「汎用人工知能（ＡＧＩ）が出現したら何が起きるか」をテーマとした『ＬＩＦＥ ３・０』（マックス・テグマーク著、水谷淳訳、紀伊國屋書店、２０２０）が出版されました。原書は２０１７年出版ですから、「アルファ碁」がプロ棋士に勝利したインパクトが大きかったためではないかと想像します。

以下、ＡＩの歴史を簡単に述べます。

１９５６年のダートマス会議（米ニューハンプシャー州）の提案書で「人工知能（Artificial Intelligence）」という言葉が使われました。ＡＩの誕生です。

人工知能は夢と現実の厳しさとの狭間で揺れ動きながらも歩みを進めてきました。『超デジタル世界』（西垣通著、岩波新書、２０２３）から抜粋します。

「『論理（logic）』をキーワードとする第一次ＡＩブームが１９５０〜６０年代に起きたのだが、応用分野は形式論理で片がつくパズルやゲームだけだったため、ブームはたちまち消滅してしまった。第二次ブームは１９８０年代で、この時のキーワードは『知識（knowledge）』である。……（中略）しかし当然ながら、知識命題には曖昧さが宿る。法律家や医者は単に知識命題の形式的論理操作で結論をだすわけではなく、経験知にもとづき、直観と柔軟な判断を重ねて裁定や診断をくだすのだ。さらに、もしＡＩが誤りをおかしたらどうなるのか、といった責任問題も浮上した。こうして、ＡＩが論理的に無謬（むびゅう）の結論を出せないことから、１９８０年代の第二次ブームは20世紀末までに終焉をむかえたのである。

では２０１０年代半ばから盛り上がった第三次ＡＩブームはいかにして起きたのか。ＡＩが絶対無謬性を獲得したのだろうか。——否である。ユーザー側がＡＩにたいして『多少間違っても、確率的にだいたい合っていればよい』と要求水準を変えたのだ。より正確には、ビッグデータにもとづきＡＩが学習して、統計誤差が許容範囲におさまれば問題ない、ということである。だから第三次ＡＩブームのキーワードは『統計（statistics）』なのだ。結論を先取りすると、統計的推論によってＡＩはある意味で『汎用性・万能性』を獲得してしまった。つまり、『どんな問題にも対処できる賢いＡＩ』という信念が社会的に広がったのである」（同書33～34頁）

現在、ヒトとＡＩの関係が議論されています。ＡＩが人類の知性を上回ると予測した前述『シンギュラリティは近い』（※シンギュラリティ＝技術的特異点）、あるいは、将来超知能ＡＩが出現したら何が起きるかをテーマとした前述『ＬＩＦＥ ３・０』等々。こうした議論に対して氏の指摘は重要です。

現在は第三次AIブーム（2006年以降）のさなかです。ブームが継続している理由はいろいろあります。

第一に「ムーアの法則」で半導体の能力が倍々ゲームで伸びてきました。1965年に米インテル社のゴードン・ムーアが半導体の集積度が「1・5年ごとに倍になる」（1975年に「2年ごとに2倍になる」に修正）と予測して今日までその勢いは続いてきました。当時の半導体を1としますと今日まで約10億分の1、つまりナノ（n）単位になったということになり、現在の最先端半導体は2〜3nm（ナノメートル）と言われています。原子の平均的な直径は0・1nmですから、原子の大きさに近づいてきました。

第二に、1969年からインターネットの起源であるARPAnet（Advanced Research Projects Agency Network）に米国防省（高等研究計画局）が資金を提供していましたが1990年代には民間に開放されました。その共通の接続ルールの利便性から急速に普及しました。その後の、言語、音楽、画像などの情報がインターネット空間に蓄積されてきました。

第三に、AIのデータ分析手法が進化してきました。人間の脳神経系のニューロンを数理モデル化したニューラルネットワークの層が「多層構造をもつ学習」です（https://jp.mathworks.com/neural_networks/nn　参照）。

　中間層を設けることでデータの背景にあるパターンやルールを捉えやすくなります。Google は２０１２年に、「人が教えることなく、ＡＩが自発的に猫を認識することに成功した」と発表し大きな衝撃を与えました。松尾豊東大教授は「ＡＩが目を持った」と表現しています。

「ネット接続の普遍化」、「認識技術の進化」、「情報蓄積」などＡＩ環境が整ってきたことが相まって、２０２２年11月末のＯｐｅｎＡＩ社によるチャットＧＰＴ公開に結実しました。ビッグテック各社は競って新製品の発表、提携を進めています。いまでは企業で生成ＡＩを実装するところとしないところとでは株価に影響が出てくるほどです。

　ＡＩが将来、人類の知性を上回り、ＡＩ自らが形成した体系に人間が合わなくなった時に人間は抹殺されるかもしれないと信じているＡＩ研究者が少なからずいます。またレイ・カーツワイルのように長生きできれば自分の脳をＡＩにインストールすることで永遠の命を得られると考える人もいます。

　ＭＩＴのマックス・テグマーク教授は、２０１５年「ＡＩの未来」をテーマにした会議を開き、公開書簡に８０００人が署名しました。活動の目標は、いかにして有益なＡＩをつくるかを目標としています。

これまでの科学の進歩の中で、ヒトの能力を外側へと拡張してきました。例えば自動車であり、宇宙衛星、ハッブル望遠鏡、電子顕微鏡などでした。今回のＡＩは、ヒトの本質にかかわる「知能」である点で別格の議論となっています。将来人類を絶滅させる可能性をもつ技術として、核兵器・パンデミックと同列視されています。

2．ＡＩと言語

ここでＡＩと言語の関係について「記号接地問題」「言語の多義性」「言語の意味」などの視点からご説明いたします。

チャットＧＰＴの「チャット」とは「おしゃべり」つまり言語です。言語以外に「画像」「音楽など」を含めて「生成ＡＩ」と言われます。

ここでは「言語ＡＩ」を対象として記述いたします。ＡＩにとって「言語」は大変な壁でした。

言葉の意味を本当に理解するためには、赤ちゃんからスタートして長い工程を辿り自分の言葉の体系を作り上げていくことになります。赤ちゃんは、例えばバナナを見たり触ったり食べてみて「おいしい」「甘い」「黄色」「皮をむく」などを視覚、触覚、味覚などの身体的な経験と一体として言葉を覚えていきます。ＡＩは「記号」としてバナナを組み合わせて表現してもバナナを「知った」ことになるだろうかという疑問です。

今井むつみ／秋田喜美共著『言語の本質』（中公新書、２０２３）から引用します。

「この問題を最初に提唱した認知科学者スティーブン・ハルナッドは、この状態を『記号から記号へのメリーゴーランド』と言った。記号を別の記号で表現するだけでは、いつまで経ってもことばの対象についての理解は得られない。ことばの意味を本当に理解するためには、まるごとの対象について身体的な経験を持たなければならない。……（中略）身体に根差した（接地した）経験がないとき、人工知能は○○を『知っている』と言えるのだろうか？」（同書「はじめに」より）

西垣通（東京大学名誉教授）は「記号接地問題」と「フレーム問題（言語理解の枠組み）」について、「第一次～第二次ブームのときはＡＩが『ＹＥＳ／ＮＯ』の二値による厳密な回答を求められて挫折したが、現在の第三次ブームでは統計計算で『確率○○％』と答えればよいので、ゴマカシが効くようになっただけだ。意味についての難問は未だ解決していない」（前出『超デジタル世界』51頁）と指摘しています。

言葉の多くは多義的に用いられます。前出『言語の本質』（112〜113頁）から引用いたします。

「動詞の『切る』にはどのような意味があるだろうか？

①　野菜を包丁で切る
②　洗った野菜の水を切る
③　電話を切る
④　パソコンの電源を切る
⑤　契約を（打ち）切る
⑥　期限を切って試してみる
⑦　先陣を切る

少し考えただけでもこれだけ多様な使われ方が思い浮かぶ」

なるほどと思わせる動詞の使い方の文例を示していただきました。こうした事例はコミュニケーションの中で無限に拡がっています。流石のＡＩも文脈のなかから「意味」を決定していくことは諦めてしまいました。西垣氏が指摘するように、結果として「確率・統計」の世界に逃げ込むことが第三次ＡＩブームの着地点でした。意味を持たない言語の空虚さ。これを、歴史学者ユヴァル・ノア・ハラリは「民主主義の本質はオープンな対話だ。対話は言語に依存する。ＡＩが言語をハックすれば、意味のあるオープンな対話を行う能力は破壊され、民主主義そのものも破壊される」「対話の相手がＡＩか人間か判らないとすると、それは意味のあるオープンな対話の終焉だ」「ＡＩボットと話す時間が長ければ、ＡＩは我々について深く知るようになり、政治・経済的な見解を変えさせる効果的な方法を理解するようになる」（『週刊東洋経済』２０２３年7月29日号）と指摘します。

人類が築いてきた言語とＡＩの関係について深い洞察が開陳されています。

しかしＡＩがその能力を大幅にレベルアップさせた要因の一つが、言語理解を「意味」を綴ることを諦めて「統計」「確率」の世界に逃避したことにあることです。確かに「処理能力」はヒトを圧倒しています。ＡＩ自らの言語体系を形成するにはどうしても「意識」が必要です。

3．ＡＩとヒトの関係

ヒトばかりでなくすべての生命は「生命を維持するための感覚」としての「意識」を持っています。

「意識」は「物事に気づくこと、感知・知覚のレベル」から、「思考、対象を認識する心の働き、精神の働き」までレベルの違いがあります。単なる物質であったものがどこからどのようにして「意識」を持つに至ったのか。これについては「ヒトと量子論の関係」で述べます。結論を申し上げるなら「確率・統計」のレベルにあるＡＩがいくら「処理能力」が進化しても「意識」は生まれません。それはヒトが、あるいは生命が、どこからきたのか、どのように進化してきたのか、を辿るとおのずから出てくる答えです。これまでのヒトが科学の所産として発明してきた自動車、ロケット、コンピュータ、などはヒトの処理能力を大幅に高め、夢をかなえてきました。ＡＩはたまたま言語、画像、音楽など文明の根幹にかかわり知能と競合するイメージがあります。しかしＡＩがＡＩ独自の文明を作り上げ人類を支配するには、ＡＩが自らの立場から「人類を不要視する」「人類を道具とみなす」、あるいは「人類を敵視する」に至るためには、「意識」を持たなければなりません。一方、人類、そして生命がどのように「意識」を持つに至ったのか、その経緯ははっきりわからないまでも、もともと量子（素粒子）には不思議な特性を備えています（後述）。さらにビッグバン以降１３８億年間を辿り、素粒子から元素が形成され、43億年前に地球上に海が誕生し、それから約5億年の時間をかけて最初の生命である数百万種の単細胞生物、つまり原核細胞が繁栄していました。化石がないので痕跡は残されていませんが多くの証拠があります。そして意識についてはいくつかの仮説が発表されています（『生命の惑星　下』チャールズ・H・ラングミューアー／ウォリー・ブロッカー著、宗林由樹訳、京都大学学術出版会、２０２１、18頁参照）。

これに対して人間が作りだしたAIが将来「意識」をもつことは想定できません。AIが統合した「意識」を持たない限り、AIは人間の使用人に留まります。問題は、AIを使う人間が様々であることです。核兵器を使うと脅す国家元首がいます。何人かの識者が「AIは専制国家にとって親和性が高い」と述べています。

もしAIが人類を破滅させることがあるとすれば、それは「AI対人間」の争いではなく「人間対人間」の争いがもたらす結果に違いありません。

では、人間、あるいは生命はどのようにして現在に至ったのでしょうか。

第一に、「現在の人間から遡って生命の源へと辿る旅」。これを「個人的経験」と「量子論」で考えます。

第二に、「物質・生命の源から現在の人間へと辿る旅」。これを「宇宙論」で考えます。

第Ⅱ部　量子論は生命の科学

第3章　投資の現場で考えたこと——「空の思想」と「量子論」

——世の中は「関係という糸」で綴られている——

1．理論を固めすぎるとよい運用成果を期待できない

年金基金の資金運用をしていた時のこと、いろいろな疑問に悩まされました。その一つは、「運用成果を上げること」は「説得力のある理論」と相反することです。運用資金を預かる機関投資家も顧客である年金基金も大きな組織ですから内部説明が必要です。誰しも納得する説明を求められます。それは論理的に説明することとほぼ同義です。ところが「論理性」とは過去のデータなどで成り立っています。「未来」を語ることは「信じるか、信じないか」の世界です。そして誰もが納得できる「論理性」とは、つまりは大衆投資家の考え方とほぼイコールです。一方、現実のマーケットはグローバルの中で、様々な要因が重なり合って出現し、刻々と変化していきます。日経平均株価を例に取

ります。バブルが崩壊してから、１９８９年末の3万８９１５円から２００９年の７０５４円まで実に8割強の下げでした。これまでの34年間はたっぷり一世代交代する期間です。２０２４年2月には１９８９年末の新高値を更新しました。

「全値戻しは青空天井」という相場の格言があります。新しい時代に入ったとの表現です。これから暴落するから絶好の売り場だとみる人もいます。株価に限らず、どのマーケットでも、常に「上がるのか」「下がるのか」の見方が分かれます。

中国経済の失速が日本を含む世界経済に与えるマイナスの影響と、中国から引き揚げられる投資資金が他の市場に向かうプラスの要因とがあるなど、多くの強弱要因がどこでどのように交錯するのか予想しがたいものがあります。「ブラジルで一匹の蝶が羽ばたけば、テキサスで竜巻が起こるか」で有名な、米国ＭＩＴの気象学者エドワード・ローレンツの「バタフライ効果」は株式をはじめ多くのマーケットにそのまま当てはまります。

「効率的市場仮説」という投資理論があります。情報が開示されると直ちに価格に反映されるので、誰もその情報を根拠に継続して他人よりも優れた投資成果を上げることが出来ないとする理論です。

様々の要因が相互に関係しあって世の中が動いていくことは、証券、商品、為替、金融などのマーケットに端的に表れます。それは社会一般も同じことが言えます。過去の経済指標や事象を分析することであまりにしっかりした理論を形成すると、環境が変化した時に取り残されてしまいます。

そこへいきますと、量子論は絶えず流動的に動いているマーケットを適切に表現しています。

量子力学の創設者の一人であるエルヴィン・シュレーディンガー（１８８７〜１９６１）(注)は、「無数にある粒子は、一つ一つは自由に勝手に動いているが、全体としてみると、統計的な法則性が現れてくる。数が多いほど、その法則性は確かなものになる」と述べます。今回の１９８９年末の株価の高値を更新した原動力になったのは「エヌビディア」でした。米国の半導体メーカーでゲーム向けでしたが、生成ＡＩ向けの半導体で収益が大幅に増加して株価を牽引しました。生成ＡＩを生産性向上に使う動きが高まり需要が急増したものです。その流れは世界の生産性を底上げし、株価全体の底上げにつながり、思いがけない銘柄の株価が急浮上する可能性が出てきました。

(注) エルヴィン・シュレーディンガー　オーストリア生まれ。ウィーン大学で学び、１９２６年、シュレーディンガー方程式を含む量子力学を打ち立て、１９３３年にノーベル物理学賞を受賞。

2.「空の思想」による運用の考え方

当時のわたしの資金運用の悩みを解消してくれたのが大乗仏教経典「般若心経」が説く「空(くう)の思想」でした。年金基金の理事長さんに運用報告のために訪問したところ、熱心に「般若心経」のお話をされ、後日、『経営を活かす般若心経』(松村寧雄著、ソーテック社、1983)をお送り頂きました。これがわたしの「空の思想」との出会いです。「般若心経」は262文字(諸説あり)の短い文章ですが仏陀の智慧を体系化したものです。智慧の中心には「空」があります。「色即是空(しきそくぜくう)　空即是色(くうそくぜしき)」はあまりに有名です。「色」は「物質的存在」であり「森羅万象」を指します。

仏陀の得た悟りは「世の中は三つの法則で構成されている」というものです。

一、この世の全てのものは〝実体がない〟(空)。

二、この世の全てのものは〝相対的なかかわり合いにより存在している〟(縁起)。

三、この世の全てのものは〝常に移り行く〟(無常)。

あとは各人の悩みなり生き方に沿って、「中道」「五蘊無我(ごうんむが)」などの真理の道筋を示しています。

資金運用する者にとっては、「空」「縁起」「無常」をコアとしてあとは、それぞれの知識、経験に基づいて「市場を動かす重要な要素は何か」「それは何と何に関連して動いているのか」と相関関係を分析することです。運用に携わる人々の知識、経験、洞察力は個々人でみな違います。それぞれの持っている力を総動員して、マーケットに立ち向かい、ベストの運用成果を上げる。ある意味で、オリンピック競技や「格闘技」的要素を持っています。時間が移っていきますと関係も変化していきます。情報や指標の中で変化の兆しは出ていないか、などと情報のアンテナを張り巡らせます。運用競争というのは、経済指標間の相関関係に対する洞察力とアンテナの感度によって決まると考えます。昨今はとくにグローバルな情報収集が大切です。

3. 投資は、マーケットと自分との戦い

このとき注意を要するのは「彼(かれ)を知り己(おのれ)を知れば百戦殆(ひゃくせんあや)うからず」(孫子　謀攻篇)であって、自分の考え方見方で判断するのではなく、「彼」の立場からその行動や思想を判断しないと独善的判断に陥ります。

バブル崩壊後は、バブルがなぜ形成されたかの反省から「論理性」「リスク管理」が重

視され、統計学や数式を多用した「ポートフォリオ理論」が投資理論の中心となりました。方程式での解が一つであるならば、その解の値での取引は成立しないということになります。市場につけられた価格は、「買い方には買い方の事情」、「売り方には売り方の事情」があってその値が成立するのです。方程式で投資の適正価格を考えると、「理路整然」と考えることとなり「高値掴み」になると格言が教えています。わたしにも経験があります。分析に分析を重ね「後悔しない」とある銘柄を売却したところ、その値がまさに底値となりました。投資は自分だけで完結するものではなく、様々な考え方をもつ多くの投資家との対戦という意味合いを持ちます。逆に、悪材料にショックを受けたとき、好材料で浮かれたとき、他の多くの投資家も自分と同じ感情を持つだろうということです。「自分の感情＝一般的な投資家の感覚」という心理的な情報入手もあります。この時は逸早くそこから抜け出ることとです。「失意泰然　得意淡然」、運用は自分の心をコントロールすることも必要です。ただし、「言うは易(やす)く行うは難(かた)し」です。

4.「論理性」に縛られていた社会科学

20世紀まで、世の中は「論理性」に支配されてきました。それも無理はありません。ニユートン力学にもとづく科学によって20世紀の世の中は大発展したからです。後発の経済学や社会科学はそれに抗すべくもありません。それにしても「量子力学」が新たな物理学となったのは120年前です。思考停止が長すぎたのではないでしょうか。

わたし自身は幸か不幸か、資金運用という世のなかの先端を探る仕事についていましたので現実のマーケットと投資理論とのギャップの中で暗中模索のなかにいました。

第4章　量子力学の登場――思考の大転換

――開けゴマ――

1. 量子とは

量子とは何か。『広辞苑』による定義です。

「量子」とは「不連続な値だけを持つ物理量の最小の単位」

「量子力学」とは「分子・原子・原子核・素粒子などの微視的物理系を支配する物理

法則を中心とした理論体系」

「子（し）」とは、『広辞苑』（第四版）では「細小な物の意を表す」とあります。量子に関連する名称としては他に「分子」「原子」「電子」「光子」「素粒子」などがあります。

物質の構造を分子、原子、原子核と分けて階層的にみたときに、原子核の次にくる粒子を「素粒子」といいます。素粒子の標準模型では17種の素粒子を、物質のもとになる素粒子（電子、ニュートリノ、クォーク）、力を伝える素粒子（光子〈電磁気力〉、グルーオン〈強い力〉、W粒子・Z粒子〈弱い力〉）、素粒子に質量を与える素粒子（ヒッグス粒子）に分けられます。

2. 自然界の「階層構造」

自然界の「階層構造」を示して興味深いのは「グラショーのウロボロスの蛇」と呼ばれる絵（49頁）です。

「ウロボロス」とは、古代ギリシャ語で「尾を飲み込む蛇」を意味します。円環が自己完結することから循環性、永続性、死と再生を意味します。蛇の図の原形は、紀元前160

0年頃の古代エジプト文明までさかのぼり、古代ギリシャに伝えられたそうです。

1979年にノーベル賞を受賞した米国の素粒子物理学者シェルドン・グラショー（1932〜）が、ウロボロスの蛇に「自然界の階層」を重ね合わせています。

実に簡潔に素粒子から宇宙全体に至る階層を一つの絵で表しています。

蛇の円環の中央下部に「人間」「生物」を置いて基準にします。単位は1㎝。尾の最先端は「インフレーション宇宙論」などで、尾に噛みつく頭は「宇宙」です。「人間」から尾に向かって、ミクロの世界。「細胞（DNA）」―「原子」（10^{-6}）―「原子核」（10^{-12}）―「素粒子（クォーク）」（10^{-18}〜10^{-24}）―「宇宙」（10^{-30}）とミクロ化が進みます。

次に「人間」から頭に向かってマクロ（注）の世界です。「山・地球」（10^{6}）―「太陽系」（10^{12}）―「星」（10^{18}）―「銀河（10^{24}）―「宇宙」（10^{30}）で頭となります。

（注）「量子論」でいう「マクロ」とは分子以上の世界を意味します。

10^{6}ごとに階層を進めています。つまり100万倍（10^{6}）か、100万分の1倍（10^{-6}）ごとです。例えばパチンコ玉1個を直径1㎝としますと100万倍は10㎞ですから、東京駅から中野駅まで拡大したイメージです。数字の遊びになりますが、天の川銀河の直径は10万光年です。㎞では約100京㎞（10^{18}）。素粒子が10^{-18}㎝ということは、パチンコ玉を

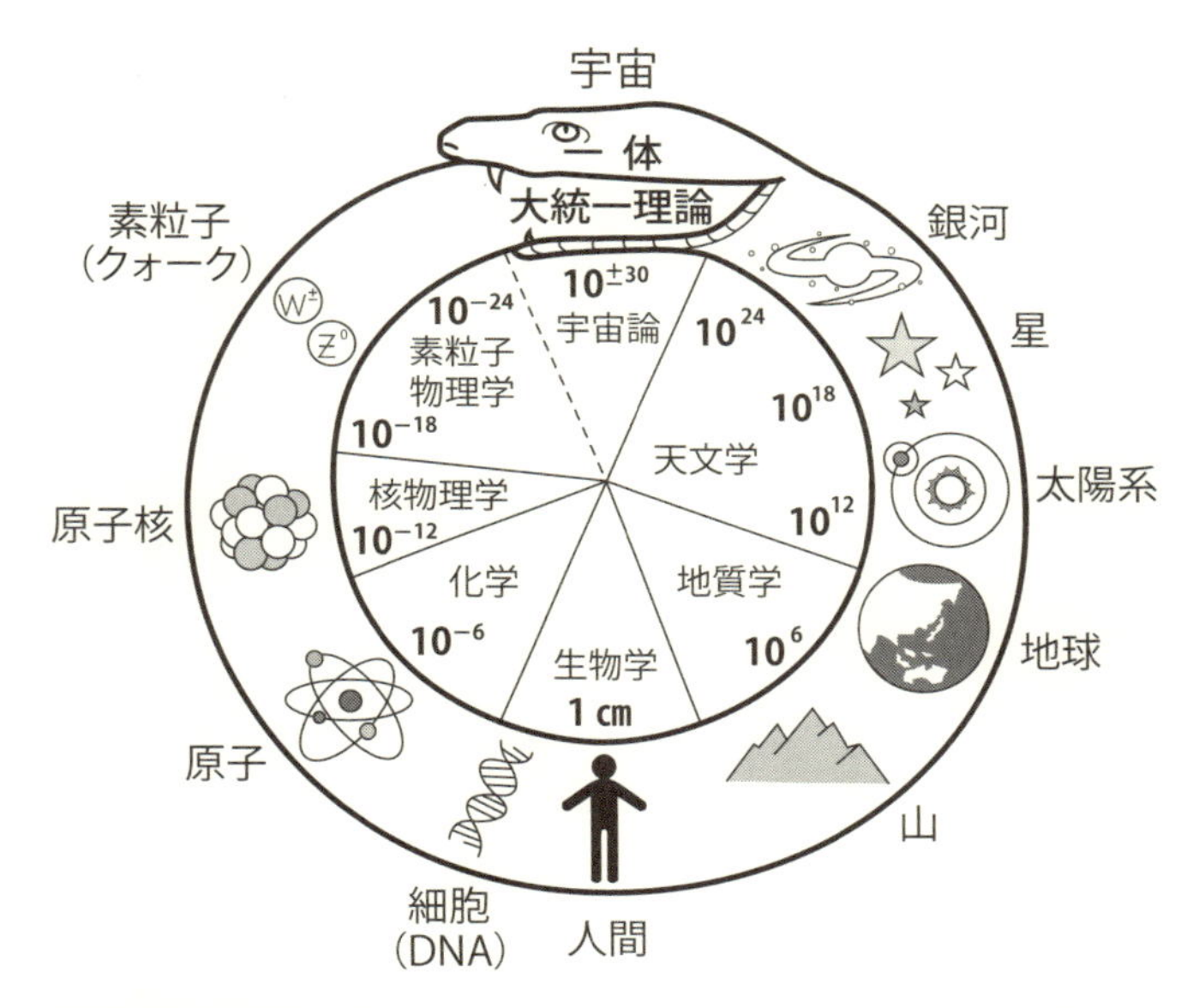

自然界の階層構造（グラショーのウロボロスの蛇）

「ウロボロス」は、自らの尾を飲み込んでいて、始まりも終わりもないことから、古代より永遠の循環や不滅の象徴とされています。

宇宙、星から素粒子（クォーク）に至るまで自然界は階層構造をもちながら大きく広がっているが、各階層は互いに関連して永遠にひとつの環を形成する概念を、グラショーがはじめてウロボロスを使って象徴的に表しました。

天の川銀河の大きさに拡大したとき、元のパチンコ玉が素粒子の大きさになります。「自然界の階層」を考えるとき、指数関数で表現しますと大変便利です。想像を超える「超ミニ」「超マクロ」の自然界の階層を「足し算」の感覚に引き直すことができるからです。例えば、原子核の周りを電子が回って原子になります。「ウロボロス」の絵から、原子の大きさは10^{-6}㎝、原子核は10^{-12}㎝になります。原子核を直径10㎝のボールとしますと原子は100㎞になります。直径100㎞の平野に10㎝のボールがポツンと置かれたイメージです。地球の山野はごつごつしたイメージですが、電子や光子にとってみれば、スカスカ状態であることになります。最近よく新聞に登場するニュートリノは、さらに100万分の1よりも小さく電気的に中性の素粒子であって、私たちの体を1秒間に何十兆個も素通りするそうです。これなら感覚的に納得できる話です。

3.「量子論」は「主観と客観」の境界を取り外した

これまで物事を観測する側の私たちを「主観」とし、観測する対象を「客観」として「客観」のなかに真実が存在すると考えてきました。真実は動かすことのできないもののはずでした。ところが量子力学では、観測しようとすると量子のほうが察知して粒子に変化します。これまで「主観」と「客観」の間に厳然とした仕切りがあると考えてきました。量子が「粒子であって波である」とは、粒子と波が同時に存在することではなく、量子が周囲の環境の変化や我々を含めて他の量子と出会うことで、「波から粒子へ」「粒子から波へ」と融通無碍に変化することと理解されます。

そのように考えますと、人間、生物を含めて全部がお互いに作用しあって存在していると考えるのが自然です。東洋では昔からそのように暮らしてきました。西洋では自然は克服される対象であると考えてきました。近年、経済成長を最優先させてきましたので極端に人間活動の範囲が広がり、人間と自然とのバランスが崩れてしまいました。自然との共生を大事にしないと人間はウイルスとの戦いに勝てません。少なくともウイルスと共存できません。それどころか、ヒトの活動が大気を汚し、海を汚し、宇宙ゴミまで発生させ、生態系を破壊し異常気象を引き起こし、人類がいつまでこの地球上で生きていけるのか、危ぶまれる状況になっています。

4. 鉄から生まれた生命の科学（量子力学）

量子力学の「序章」は普仏戦争（1870～1871）に始まります。フランスに大勝したプロイセンを中心とするドイツ諸邦は、莫大な賠償金とともにアルザス・ロレーヌ地方を獲得しました。この地域は石炭と鉄鉱石の産地として有名であり、これらを原材料にして溶鉱炉で鉄をつくる製鉄業が飛躍的に成長したのです。良質な鉄をつくるには、溶鉱炉内の鉄の温度を正確に把握し制御する必要がありました。それまで数千度に達する高温を測定する温度計はなく職人技に頼っていました。これではあまりに大雑把なので熱した物質の温度と光の色の関係をもっと正確に理論的に知りたいとの要請が産業界から出て、多くの物理学者がこの問題に取り組み始めました。その中に「量子の父」と称えられるマックス・プランク（1858〜1947）が参加していました。彼は光のエネルギーは小さな塊、いわば粒のようなものではないかと考え、次の仮説を提案しました。

「ある振動数の光（電磁波）がもつエネルギーの値は、振動数にある定数（プランクはこれを作用量子と呼び、後にプランク定数と名付けられました）を掛けたものを最小単位として、必ずその整数倍となっている」

これをエネルギー量子仮説（または単に量子仮説）と呼びます。当時、自然現象の中のある量が飛び飛びの不連続の値をとることはありえないとされていました。1900年、人類は19世紀の終わりと同時にニュートン以来の「常識」であった従来の物理学——これを古典物理学と呼びます——と決別し、量子物理学の世界へと踏み出したのです（『「量子論」を楽しむ本』佐藤勝彦監修、ＰＨＰ文庫、２０００、および『図解　量子論がみるみるわかる本』佐藤勝彦監修、ＰＨＰ研究所、２００４　参照）。

量子論を語るうえでの前提は次の三つです。

第一、プランク定数は、6.62607015×10^{-34}（注）Js（ジュール秒）という小ささであること。

（注）10^{-34}は想像できるでしょうか。１兆分の１をさらに１兆分の１にして１００億分の１という微小さです。このレベルに近いのは「重力」「ブラックホール」などで、微小の極致です。

第二、その一つ一つが独立した存在であって、お互いに作用しあう存在であること。

第三、それらの小さな「飛び飛び」は、一つ一つ運動量をもっていて、生命のさまざまな現象の根源になると推測されること。逆に、「飛び飛び」で独立して動くことが出来ないなら、生命現象はなかったとさえおもわれること。

ところで、物質の代表格である鉄からなぜ生命現象を説明する量子力学が誕生したのでしょうか。それは元素の周期表に答えがあります。どの元素も、軽い元素も重い元素も、すべて電子、陽子、中性子で構成されています。違うのはそれらの数だけです。姿かたちは異なりますが、物質も生命も中身は一緒です。あとはどのような環境に置かれ、物理的化学的に調理されるかです。もし別の惑星に行けば、地球とは全く異なる元素構成の生命に出会うかもしれないのです。

5．思考の大転換

なぜ自然界が「飛び飛び」であることが革命的なことなのでしょうか。微小な量子（素粒子）がそれぞれ独立して、誤解を恐れずに申しますと「自分の意思をもって」動くからです。さまざまの状況に対して基本的には個別に、時には共同して作用します。量子力学をつくった天才の一人、エルヴィン・シュレーディンガーは著書『生命とは何か』（岡小天／鎮目恭夫訳、岩波文庫、２００８）で次のように述べています。「原子はすべて、絶えずまったく無秩序な熱運動をしており、この運動が、いわば原子自身が秩序正しく整然と行動することを妨げ、少数個の原子間に起こる事象が何らかの判然と認められうる法則に従って行われることを許さないのです。莫大な数の原子が互いに一緒になって行動する場合に、初めて統計的な法則が生まれて、これらに原子が『集団』の行動を支配するようになり、その法則の精度は、関係する原子の数が増すほど増大します。事象が真に秩序正しい姿を示すようになるのは、実はこのようなふうにして起こるのです。生物の生活において重要な役割を演ずることの知られている物理的・化学的法則は、すべてこのような統計的な性質のものなのです」

　この記述で思い起こされますのは、水中の魚の群れ、空中の鳥たち、平原に群れる動物たちの行動です。

　あるいは、いまの国際政治の状況にも似通っています。

　量子論は多くの天才物理学者たちが実験と数式と議論の上に構築された物理学です。わかりやすい解説書が多く出版されています。それを読んで、わたしは「量子はまるで人間じゃないか！」と驚きました。

　量子力学を構築したニールス・ボーア（1885～1962）やシュレーディンガーは初めから生命、思想、社会を視野に入れて研究していました。量子論、特に「量子の特性」から演繹された考え方は社会、経済、あるいは投資などの領域にある多くの課題解決に役立つと考えました。

　まず、「ニュートン力学」から「量子力学」への移行によってパラダイム（思考の枠組み）はどのように変わるでしょうか。わたしの感覚的な比較表です。

ニュートン力学	量子力学
確実性の科学（運動法則）	不確実性の科学（生命の特性）
未来は予測できる	未来は予測できない
物質の科学	生命の科学
コンピュータ、ＡＩ（人間が作った科学）	量子コンピュータ（自然界の理（ことわり））
マクロの世界（原子より大きい世界）	ミクロの世界（原子以下の世界）
「主観」と「客観」の二元論	観測（主観）で対象（客体）が動く
実態価値を重視	関係性を重視
生態系と無縁の科学	生態系に親和的
方程式（定式≒固定的）	統計（次の変化を可能にする）

つまり「量子力学」は私たちの社会の底流にある現実的な科学であり物理学であることが重要です。

人間自身が量子で構成されています。変化する環境や世の中にあって、量子らしく、さまざまな関係を分析し洞察し、適応することです。さもないと生き残ることが出来ません。ヒトによって立場によって考え方は異なります。対立と協力のなかでよりよい方向へ進めることがその時代に生きているヒトの務めです。時には格闘技的要素が入ります。「量子は後ろを振り向きません」。

これまでの人間の歴史を振り返りますと、「過去」は痕跡として残されているケースが多くあります。

受精から胎児にいたる過程は、人間の進化の過程を象徴的に示していると考えられています。すなわち、胎児の約10ヵ月で5億年の進化の過程をたどっています。受精卵の初めは細胞分裂で、水中で泳ぐ稚魚のような形、次に胚は両棲生物のような特徴を示し、最終的に胎児を育てる哺乳類の特徴を示します。つまり過去は痕跡として残されています。遺伝子も同じで、一見無価値と思われる詰め物は環境変化に応じて遺伝子のスイッチとなり進化した過程を示しています。

論理性を固めるために過去のトレンドを示すことがよくあります。そうしますと受精から胎児の過程のように現在あるいは未来と乖離するケースが出てくることになりかねません。過去による例証で論理性を固めることは、よほど適時適切に使うように注意しなければばならないと考えます。

では量子力学では量子をどのようなものと捉えているのでしょうか。

6. いろいろある「量子の特性」

人間社会とかかわりの深いと思われる七つの特性を抽出しました。それはあくまで便宜的な区分であって、これらの特性は混然一体となって量子そのものを特徴づけているのです（それぞれの特性については、次の第5章で簡略に説明します）。

1. 量子は運動量を有するが、内部構造をもたない。
2. 量子は粒子であって波である（量子の二重性）。
3. 量子は相補性である（世界は陰陽が相互に補い合って創られている意）。
4. 量子はただ一つの状態に決まらない曖昧な存在である（不確定性原理）。
5. 量子は「どのように起こり、どのように影響を与え合うか」がポイント（相関性）。
6. 二つの量子がいったん作用すると、どれほど遠くに離れていても相関性が保たれる（量子もつれ）。

7．自然界の「存在」は、観測者によって影響される（観測者問題）。

私たち人間の体を構成している「手」「足」「心臓などの内臓」などの器官を「細胞」―「分子」―「原子」と辿っていきますと私たちは「量子」から構成されていることになります。

量子は「プランク定数」、つまりh≒6・6261×10⁻³⁴ジュール秒が作用量です。

超微細な量子はそれぞれが独立した別々の存在であって、しかも右記の特性をもって動いています。シュレーディンガーは『生命とは何か』において「以下の考察は、脳や感覚器官系以外の諸器官の働きにもまた、本質的に当てはまるでしょう。だが、我々自身の心に最高の関心を引き起こすのは、我々が感じ、考え、認識するということのことです。少なくとも人間という立場からは、思考と感覚の基礎をなす生理学的過程にくらべると補助的な役割しか演じていません」「脳およびそれに付随した感官系のような器官は、それに物理的な変化が行われる状態が、高度に対応した思考と密接に対応するためには、なぜ莫大な数の原子から成立っていなければならないのでしょう」「生物体の働きには正確な物理法則が要る」「その物理法則は原子に関する統計に基づくものであり、近似的なものにすぎない」と記しています。

繰り返しますが、私たちを構成しているのは「量子」です。ですから人間行動や思考は量子の特性によって左右されます。これまで経済学や投資理論は、自然科学の輝かしい成果の影響もあって、論理性が重視される傾向がありました。しかし現実の人間は必ずしも合理的・論理的に行動してきたわけではありません。

量子の特性として真っ先に「量子は粒子であって波である」、つまり「量子の二重性」があげられます。なかなか理解しにくい量子の性質です。量子の周囲に何も変化がない時は、波であって、はっきりとした存在ではなく「確率」に従った波です。外部から観察されるとか、なにか刺激が加えられると「粒子」として姿を現します。生命現象やダーウィンの「種の起源」などは量子のこの特性によるものではないかと推測されます。その結果として、人間は指紋、虹彩、顔認証が示しているように一人として同じではありません。それに加えて、遺伝子、家族・友人関係、歴史、などにも影響されます。時には矛盾した行動をとることもあります。その一方で、学問や芸術、スポーツに天才的に突出した人物を輩出することがあります。今では世界で80億人が個々の世界をもって競い合い、あるいは提携して様々の関係を結びます。また年月が経つとともに世代が交替し、新たな歴史を織りなしていきます。その底流には量子が深くかかわっていると考えると納得できます。

２０２２年の拙著『量子論でみる社会と経済』では「関係と変化」をキイワードといたしました。わたしが座右の銘とした「空の思想」と量子論があまりに通底しているものが多く、その関係に焦点を絞ったためです。

第５章　略説「量子の特性」

――いろいろあっても根はひとつ――

１．量子は運動量を有するが、内部構造をもたない

「量子は内部構造をもたないが、エネルギーや運動量、スピン（自転）などの物理量を有している」（『宇宙は「もつれ」でできている』ルイーザ・ギルダー著、山田克哉監訳、窪田恭子訳、講談社、２０１６、「監訳者まえがき」より）

細かく分析して行き着いた結論がこの特性です。近代の科学では対象を要素に分解していき、下の階層が判れば、一つ上の階層はおのずから理解できると考えられてきました。

これが「還元主義」の考え方です。現代の科学は、原子の1兆分の1の「クォーク」という超微細な素粒子まで辿りつきました。すでに述べましたように、量子が生命の謎を解く鍵になります。生命は量子の集合体であり、様々の生命現象は量子力学に立って考察されはじめました。例えば『量子力学で生命の謎を解く』（ジム・アル＝カリーリ／ジョンジョー・マクファデン著、水谷淳訳、SBクリエイティブ、2015）は、量子力学で生命現象にアプローチして、「生命の起源は何か」「意識はどのように生まれるか」「植物の光合成は量子コンピュータなのか」「渡り鳥はどのようにして目的地への行き方を知るのか」などについて仮説を立ててアプローチしました。

そうした生命という不思議さの大もとを辿ると「運動量」に行き着くことは目から鱗です。最終的な根源が「しっかりした内容」であると、逆に変幻自在に身を処すことができません。その結果、周囲の環境変化に適切に対処できないことになります。「運動量」だけであればいかようにも対処できます。お互いに寄りあって好きな形をつくれます。ウイルスは遺伝子に尻尾をつけて宿主に寄生して個体を増やします。精子もその行動は似ています。何十億年という時間をかけて環境に適応できる生命体をつくりあげ、無限の多様性を持って今日の生命譜が完成しました。「生命の根源は運動量」という結論に納得させられます。

2．量子の二重性（量子は「粒子」であって「波」である）

「粒子」と「波」はまったく別の現象です。海の波を例にあげます。海の波は主にH_2Oで「粒子」ですが、H_2Oが「波」になるわけではなく「波」は単なる現象です。

ところが原子以下のミクロの量子の世界では、電子などの量子が「粒子」であって「波」にもなります。これは「二重スリット実験」で検証されています。この実験では、電子銃から電子を発射して写真乾板に打ち込みます。途中に2本のスリットを置くと、写真乾板に電子の感光で濃淡の縞模様が描かれます。その縞模様は波の干渉縞と同じで電子の波動性を示す証拠とされています。「つぶつぶ」の電子がどこでどのようなタイミングで波になるのかはまだ解明されていません。「量子の父」ニールス・ボーアは「我々が見ていないときだけ、電子は波のように広がっており、我々が電子を観測すると、電子の波は収縮する」というアイデアを提唱しました（「コペンハーゲン解釈」）。この世にも奇妙な仮説が今では物理学者の主流の考え方になっています。

この「コペンハーゲン解釈」は当初、単なる学説の名称かと思っていました。あとで考えますと「凄いこと」です。量子論は摩訶不思議な概念、考え方が無数に出てきます。例えば「重ね合わせ」です。通常のコンピュータは「1」と「0」の二進法で計算します。量子コンピュータは「1」と「0」が重ねあわさった状態で存在し、観測された時に重ね合わせがどちらかに決まります。これを量子そのもので理解しますと、量子が波であるときには目に見えない形で一定の範囲にあって、観測されると収縮し粒子になります。どこに現れるかは確率にしたがいます。しかし別な解釈があります。実際には粒子は無数に存在していて、観測された粒子だけがわれわれの目に見えるだけで他の粒子は別の次元の世界に枝分かれしていく、これを「多世界解釈」といいます。いろいろな考え方があっても、観測したときにある一点に粒子となって姿を現すという事実は変わりません。つまり「記述することはできても証明はできない」、「事実は事実だ」とすることで科学的に応用し実用化できます。「証明はさて置き」とスルーする。これが「コペンハーゲン解釈」のようです。私たち人間が理解し感知できる範囲は宇宙の現象の中でごくわずかでしかないと、一歩引きさがったある意味では科学的で謙譲な姿勢ではないかと感心するのです。

人間の感覚器官「眼耳鼻舌身意（げんにびぜつしんい）」（般若心経）に応じてその感知する対象があります。

私たちの生活は可視光線の中で成り立っています。可視光線の波長は赤が700nm（ナノメートル）、紫が４００nmと、ごくわずかの範囲しかありません。光は長波にも短波にも無限に広がる「電磁波スペクトル」のほんの一部でしかなく、人間の知覚力の狭さが窺われます。嗅覚、聴覚も同様で、麻薬探知や災害救助で活躍している犬の嗅覚、聴覚、味覚は人間の何倍もあります。人間はかなり限定的な知覚の世界で生きています。

私たちが生きている世界は４次元世界です。時間は空間の重ね合わせですが、過去にさかのぼることはできないので３・５次元世界かもしれません。量子論では、量子の「重ね合わせ」など人間の知覚で説明できないのは、この世界は実は5次元以上の多次元で構成されているのではないかと物理学者は議論しています。「コペンハーゲン解釈」は人間の知覚できる狭い世界と現実世界とのギャップを埋める智慧ではないかと想像します。「記述するが証明はしない」と謙虚に一歩退くと、実験などの成果を現実の商品開発に役立てることができます。量子力学はいまも謎に満ちた宇宙の世界へ足を踏み入れました。これからもわくわくした世界に導いてくれそうです。

3．量子は「相補性」である

ボーアは量子論が示す物質観、自然観を「相補性」という言葉で表現しました。たいへん哲学的な概念で「互いに相いれない事象が、互いに補い合って一つの事象や世界を形成する」という考え方です。

量子論では「粒子と波」「運動量と位置」が相補性とされます。

太極図とは陽と陰で太極（宇宙）を表象します（本書132〜133頁参照）。私たちの世界で言いますと、「天と地」「明と暗」「男と女」「善と悪」「表と裏」「物質と精神」などにあたると考えます。

陰陽論ともいうべき「量子の相補性」は私たちの生活や社会の組み立てを考えるうえで重要ですので本書第12章で、そして「地球の限界」に直面している現在の状況と相補性を第13章で考察いたしました。

「相補性」はボーアによる独自性の強い理論でした。１９７４年に、スティーブン・ホーキング博士が、ブラックホールに落ち込んだ情報はブラックホールが蒸発する過程（ホーキング放射）で永遠に消失すると主張しました。これが物理学を二分する大論争に発展しました。量子力学は情報が失われないと考え、一般相対性理論は情報が失われるとしま す。論争は20年にわたって続きましたが、レオナルド・サスキンド博士（注）が「ブラックホールの相補性」という概念を提唱しました。これは、ブラックホールの内部と外部で観測される現象はそれぞれ異なる観測者にとっては一貫しているが、これらの観測は互いに相補的であり同時には観測できないという考え方です。

（注）レオナルド・サスキンド（１９４０～）米国の物理学者。素粒子物理学の弦理論の創始者のひとり。イエシーバー大学教授、スタンフォード大学教授。

その後ホーキンスも自分の理論を撤回して論争に幕が下りました。これには難しい理論が関わっていて、わたしの手には負えません。ただ、最近の物理学界の大論争が「相補論」で決着のついた点に関心を抱きました。

ご関心のある方は、左記をご参照ください。

①　マイクロソフトの検索エンジン「ｃｏｐｉｌｏｔ」（ＯｐｅｎＡＩ社と提携）
②　https://note.com/morfo/n/n3468b4b23fb0
③　https://www.nhk-ondemand.jp/goods/G2022122653SA000/
④　『大栗先生の超弦理論入門』（大栗博司著、講談社、２０１３）
⑤　『ブラックホール戦争』（レオナルド・サスキンド著、林田陽子訳、日経ＢＰ社、２００９）

4. 量子の「不確定性原理」

ニュートン以来の物理学者の認識は「ある時点の物質の状態が決まれば、以後の状態はすべて確定される」のであって物理学を「決定論」として考えてきました。

ところが原子以下のミクロの物質にはこの決定論が通用しません。ドイツの物理学者ハイゼンベルクはこれを「不確定性原理」として発表しました（1927年）。彼は、電子などの量子は、「位置」と「速度（運動量）」を同時に示すことができないことを示しました。位置を特定しようとすれば「運動量」が決まらなくなり、「運動量」を決めようとすると「位置」が決まらなくなります。その結果、未来においても物質は曖昧なままで「確率的に偶然の要素」で決まります。「確率的に」ということはサイコロを振るのと同じことです。

このように物質や自然がただ一つの状態に決まらない「曖昧さ、いい加減さ」こそが「自然の本質」とするのが、最新の物理学がたどり着いた考え方です（前出『図解　量子論がみるみるわかる本』参照）。

5．量子の本質は「相関性」である

イタリアの物理学者カルロ・ロヴェッリ博士は、現在フランスの大学で量子重力理論の研究チームを率いています。量子論の考え方は、「粒子」「不確定性」「相関性」の三つがありますが、なかでも「相関性」が重要であるとします。量子論は元来、事物が「どのようであるか」ではなく、事物が「どのように起こり、どのように影響を与え合うか」を描写する学問です。自然界のあらゆる事象は相互作用であって、ある系における全事象は別の系との関係のもとに発生し「現実とは関係である」と総括します（『すごい物理学講義』カルロ・ロヴェッリ著、竹内薫監訳、栗原俊秀訳、河出書房新社、２０１７　参照）。

なにか「空の思想」の書を読んでいるような思いに捉われます。

6．量子もつれ（量子テレポーテーション）

量子の考え方の基本です。「量子もつれ」の名付け親（１９３５年命名）はシュレーディンガーです。二つの実体がお互いに作用するとかならず「もつれ」が生じる。どれほど遠くに離れていても、たとえ互いに１００兆㎞離れていても、その相関性は完全に保たれます。

一方の量子の物理状態（例えばスピン）を測定して、その値を確定すると、その瞬間に、もう一方の物理状態は一切測定されることなく瞬時に自動的に決定されます。これにアインシュタインは最後まで納得しませんでした。特殊相対性理論によれば、信号伝達の最高速度は光の速度＝秒速約30万kmであって、１００兆kmでは約10年を超えることになり、「量子もつれ」を「不完全な理論」と批判しました。この論争は１９６４年、ジョン・ベルが量子の相関性の強さから「ベルの不等式」を導き出しました。その後実験が重ねられ、１９８０年代にベルの不等式が成立しないことを実験で証明され、晴れて量子力学の正当性が認められたそうです。

ところで複雑系の科学は、「昆虫のコロニー」が個々の個体の単純な行動がどのように全体として統率のとれた群を作ることができるのか、あるいは単なる細胞であるニューロンからどのように「知識」や「意識」などの現象が生まれるのか、自己の利益の追求を主な目的として経済活動を営んでいる個々人が複雑で構造的な国際市場をどのように形成できるのか、等々、広範囲な分野をテーマに学際的な研究領域としています。

これらの仕組みは、まだ解明されていませんが、生命体は無数の量子からできていますので、構成要素の量子がもともと「量子もつれ」のような性質を帯びているのでしたら、瞬時に情報を伝達する生命現象はごく自然に受け入れることができます。

「不確定性原理」について、アインシュタインとの論争が量子力学に軍配が上がったとき、「不思議を受け入れよ」「自然は不思議であり理論はあれで完成品」とされたのでした（『量子力学は世界を記述できるか』佐藤文隆著、青土社、２０１１　参照）。

7．自然界の「存在」は、観測者によって影響される（観測者問題）

観測しようとすると相手がこちらを見ていて変化する。「主観」と「客観」の境界がなくなったのです。昔から「真理」は私たちの主観とは無関係に厳然と存在する「真理」であり観測する方法を改良していくならばいつか真理は姿を現すとされてきました。

デカルトは「細かく分析するならば、いつか真理に到達する」と考えました。その考え方に沿って細かく分析し、これ以上細かくならない素粒子の段階まで進みました。しかしこの時、生命の神秘は姿を現さないと思われました。そこで登場したのが「複雑系の科学」（『ガイドツアー　複雑系の世界――サンタフェ研究所講義ノートから』メラニー・ミッチェル著、高橋洋訳、紀伊國屋書店、２０１１）であったと考えます。

第6章　量子論の次へ

――天国にのぼる階段――

1．量子論の課題

量子論には未解決の三つの課題があります。

第一が「無限大問題」です。量子の特性の一つが「量子は運動量をもつが、内部構造をもたない」でした。つまり量子は長さも幅もない「点」粒子とされています。

一方で、物理学には遠く離れていても力が伝わる「遠隔力」を説明するため「場」という概念があります。磁気の力を伝える「磁場」、電気の力を伝える「電場」、併せて「電磁場」です。電磁場は発信する電子と受信する電子を区別しません。電磁場に働く力の強さは距離の二乗に反比例する（クーロンの法則）、つまり電子から自分自身までの距離はゼロですから、発信した電子が感じる電磁場の強さは「無限大」になって物理学の常識に反します。

第二に、現在わかっている素粒子は17種類あります。最新の発見は2012年に欧州原子核研究機構（CERN）の実験で発見された素粒子に質量を与える「ヒッグス粒子」です。素粒子はまだこれからも発見される可能性がありますが、数が多いのは理論として「美しくなく」別の解があるのではないか、との疑問です。

第三に、量子論は重力を無視して研究が進んでいます。

自然界の四つの力を強さの順に並べますと「強い力（原子核内を結びつける力）＞電磁力＞弱い力（核子のアルファ崩壊の原因になる力）＞重力」の順となります。重力は極めて小さく（強い力を「1」としますと10^{-39}）、量子論で重力を無視しても支障がありませんでした。

しかしマクロの宇宙を説明する一般相対性理論は重力の理論です。重力なしに「ミクロとマクロの統合理論」を達成できません。

2.「超弦理論（超ひも理論）」の登場

そこで研究されているのが、量子は「点」粒子ではなく、長さも幅もある「超弦（げん）（超ひも)」とする理論です（『大栗先生の超弦理論入門』参照）。これによって「無限大」問題が解決されます。

次に、素粒子の種類が多いという問題です。バイオリンの弦がその振動状態で様々な音色を奏でるように素粒子の弦にもさまざまな振動状態があって、電子になったり光子になったりすると考えられます。

三つめは重力との関係です。１９７４年、北海道大学大学院生・米谷民明氏は、振動するある弦が閉じた弦を放出して別の弦がそれを吸収するとどんな現象が起きるのかを調べていたところ、質量の積に比例した引力が働くということを発見しました。

量子論の課題にめどがつき統一理論に一歩近づいたことが理解されます。

ＣＥＲＮの大型ハドロン衝突型加速器で発見したヒッグス粒子は１０００京分の１ｍ（10^{-19}ｍ）の分解能です。ミクロな世界に向かって玉ねぎの皮を剝いていくことで重力と量子力学の統合が必要となる世界までたどりつくと、そこでは空間や時間さえも量子力学的にゆらいでいるのです（同書59～60頁参照）。

「加速器のエネルギーをどんどん上げていくと、どんどん大きな重力が生じることになります。そして、重力が極端に強くなると、そこにブラックホールができてしまうのです」

（同書61頁）

3．私たちはみな宇宙につながっている

ここまで人間の体と心の問題を解明するためにミクロの世界を辿ってきました。いつしか「体と心」「生命」「意識」から話は宇宙の世界に入り込んでしまいました。宇宙のすべてはビッグバンで作り出されてきたものです。その途方もないエネルギー、そして創造と破壊の中から人類文明を生み出すまで進化してきました。ですからビッグバンのパワーは宇宙に満ち満ちていて、その一部を細胞膜で囲ったのが生命であるとするのはごく自然な考えではないでしょうか。結論を先に申しますと私たちはみな宇宙につながっており、私たちは体の中に宇宙を抱えた存在であることになります。

わたしが企業分析や資金運用をするなかで、「人間行動とは何か」「人間行動を規定する原理は何か」を問いかけてきましたが「宇宙」まで考えたことはありませんでした。ところが宇宙学者たちは「宇宙論」の最終着地として人類を位置づけているのです。つまり「量子のふるさとはビッグバンにある」ということになりそうです。

第7章　量子のふるさとはビッグバンにあった

——ここにはじまる天地創造——

社会と量子が関係していると考えたのは2016年以来のことです。そして量子を考えているうちに宇宙に辿り着きました。宇宙の始まりは「ビッグバン」です。ビッグバンの謎に挑戦したのが素粒子論でした。それが「インフレーション宇宙論」に開花しました。

第7章は、ヒトは宇宙のはじまりにつながっているとの物語（ナラティブ）です。ヒトはどのように形成されてきたのか、長い旅路になりました。そこから「ヒトとは何か」が浮かび上がって参ります。

＊以下、本章でのカッコ内のA、B、Cは本章末尾（91頁）の「引用文献」の記号です。

1．ブラックホールとは

「ブラックホールの特徴は、重力が強くて、光を含むあらゆるものが脱出できない天体です。光さえ見えないので『黒い穴（ブラックホール）』として見えるのです」（C88頁）。「仮に地球を半径1㎝以下までつぶすことが出来れば、ブラックホールになります」（C94頁）。「ブラックホールは重さに応じて三種類に分けられます。質量の軽い恒星質量ブラックホール（太陽の数倍から100倍）、それより重い中間質量ブラックホール（太陽の100倍〜数十万倍）、そしてさらに大きな超大質量ブラックホール（太陽の100万〜100億倍）、通称・巨大ブラックホールの三種類です。恒星質量ブラックホールは重い星が燃え尽きた残骸がブラックホールになるのです」（C90頁）。「巨大ブラックホールは、銀河の中心にあり、しかも銀河の中でたった一個しかないのです」（C140頁）。

「量子論」から「超弦理論」へと導かれて、宇宙の真ん中にやってきました。

2．宇宙のはじまり——ビッグバン理論

昔から宇宙誕生については神話などでいろいろ語り継がれてきました。しかし科学的な見地、特に物理学的見地から宇宙が語られるようになったのは20世紀に入ってからです。ここでは「量子はヒトの心と体」の観点から量子論と宇宙がどのように関わってきたかを中心にお話しします。

量子は生命の起源として語られています。本書では「ヒトはＡＩとどう向き合うか」をテーマの一つとしていますので端的に「量子はヒトの心と体」としました。

『生命の惑星（上・下）』（引用文献Ｂ）はビッグバン以降、どのようなプロセスを経て人類を誕生させたのかを主題とし「宇宙は人類を形成する工程」と述べています。

宇宙創成はビッグバンからはじまります。はじめに「宇宙は火の玉から始まった」と考えたのは米国の理論物理学者・原子核物理学者のジョージ・ガモフ（１９０４〜１９６８）でした。「彼と弟子たちは、元素の起源を研究していくなかで、宇宙にある多様な元素は、宇宙が生まれたときに核融合反応が起こってつくられたという理論を考えたのです。そのためには、宇宙が非常に高温の火の玉でなければなりません。つまり元素の起源を説明するためには、宇宙が火の玉であればうまくいく、とガモフらは考えたのです。現在では元素の起源についてのガモフの理論は、残念ながら否定されています」（Ａ38頁）

ガモフの着眼点はよかったのです。人間が人体組織を構成するうえで欠けてはならない元素を必須元素と言います。通常は食物中に含まれ摂取されます。水素、炭素、窒素、酸素、リン、カリウム、カルシウム、マグネシウム、硫黄、鉄、銅、マンガン、亜鉛、モリブデン、塩素、ナトリウム、コバルト、ヨウ素の計18種の必須性が確認されています

(https://atomica.jaea.go.jp/dic/detail/dic_detail_639.html　参照)。

3．恒星による元素形成

では人間が生きていく上で必要な元素は、どのようにして作られるのでしょうか。

「ビッグバンによる爆発後、30万～40万年後までの宇宙は、曇っていて見ることができないのです。その頃までの宇宙は高温で、素粒子が飛び回っている火の玉でした。光がこの火の玉の中を進もうとしても、すぐに素粒子にぶつかってまっすぐ進めないため、一寸先も見ることはできなかったのです。まるで分厚くて熱い雲の中にいるような状態です。やがて宇宙の膨張によって温度が下がり、その雲が晴れ上がるのが30万～40万年後頃です。これを『宇宙の晴れ上がり』といいます。ですから、それ以前の宇宙の姿は、光では見ることができません」（A88頁）

「原子核は質量のほとんどを占めるが、きわめて小さく、直径は10^{-15}mです。電子が中心の原子核の周りを複雑な軌道を飛んでおり、ふわふわとしたかたまりをつくる。これが原子の大きさを決めますが、電子は原子の重さに寄与しません。電子雲の直径は10^{-10}mで、原子は原子核よりも10万倍も大きい」（B上56頁）。イメージとしては、東京駅から中野駅までおよそ10㎞ですから、それぐらいの直径の円の中心に直径10㎝のボールがある感じです。

ビッグバン直後に陽子、中性子、電子、ダークマターなどがぎっしり詰まって飛び回っていたのが、電子を捕獲できたことで一番軽い水素、次いでヘリウムが形成されました。ちなみに私たちに身近な恒星である太陽はガスでできていて、水素が約75％、ヘリウム約25％が、ほとんどを占めています。

太陽は恒星の中で小さい方で、そのおかげで46億年も安定的に燃え続けてきています。「大きな恒星では『燃料枯渇』―『再収縮』―『コアの温度上昇』―『より燃えにくい核燃料の点火』というサイクルが何度も繰り返されます」

「そのようにして恒星の外側から『水素燃焼―ヘリウム燃焼―炭素燃焼―ネオン燃焼―酸素燃焼―ケイ素燃焼』の層が形成され、中心のケイ素燃焼で『鉄』が作られます。

恒星の核融合反応による元素形成はここまでです」（B上65頁）

鉄よりも重い「銅」「亜鉛」「ヨウ素」、そしてそれ以上に重い元素の形成にはさらにいくつものステップが必要です。

4．超新星爆発による重元素の生産と拡散

巨大恒星のコアに鉄ができると、核融合による熱の生産は不可能となり、崩壊を食い止めるものが何もなくなり、破局的な崩壊となります。更なる圧縮への抵抗が衝撃波を発生させ、恒星の外側を外部に押し出す。途方もない爆発が生じ、恒星をバラバラに引き裂く。内部の物質の多くは、恒星の重力から解放され、周囲の宇宙空間へ吹き飛ばされる（Ⅱ型超新星）。

第二の種類の超新星（Ⅰ型と呼ばれる）は白色矮星（はくしょくわいせい）（注1）がその伴星（ばんせい）（注2）から物質を集積させるときに起こる。白色矮星がある限界を超えると、巨大な核爆発にいたる。この爆発の間に起こる核反応が鉄よりも重い元素を作り出す。文系人間にはなじみの深い「創造的破壊」（注3）を思い起こさせる現象です。

（注1）高温高密度の白色光を発する恒星。地球程度の直径でありながら太陽程度の質量をもつ。
（注2）連星のうちで、一般に光度の暗い方の星。
（注3）オーストリアの経済学者ヨーゼフ・シュンペーターは「創造的破壊は資本主義における経済発展そのものであり持続的な経済発展のためには絶えず新たなイノベーションで創造的破壊を行うことが重要である」と説いた。

5. 量子のふるさと――「インフレーション宇宙論」

いくつかのステップを踏み、生命や人類に必要な元素を生み出しながら宇宙は姿を変えていきます。

ビッグバン理論の問題点について、佐藤勝彦東大名誉教授は1981年に「指数関数的膨張モデル」を提唱し、半年後にアメリカの宇宙物理学者アラン・グース(注)が独自に同様の主旨の論文を学術誌に投稿し、この理論に「インフレーション」と名付けました。命名の巧みさやビッグバン問題の明快な記述から、いまでは「インフレーション理論」として世界的に流通するようになりました。

(注) アラン・グース(1947〜) MITで学位取得。研究分野は宇宙論、理論物理学、素粒子物理学。1981年に「インフレーション理論」を発表。著書『なぜビッグバンは起こったか:インフレーション理論が解明した宇宙の起源』(早川書房、はやしはじめ/はやしまさる訳、1999)。

宇宙のはじまりについての「インフレーション理論」が素粒子理論で明快に記述されたということは「量子は私たちの心と体」と考えるわたしにとって素晴らしいことです。人間が作り出した「人工知能」と比較することさえ僭越ではないかと思えるほどです。佐藤勝彦先生の『インフレーション宇宙論』（引用文献A）から引用いたします。

6．ビッグバン理論の問題点

「ビッグバン理論」は、現実の観測によって傍証が示されました。宇宙が火の玉なら、その頃はものすごい光が満ちあふれていたはずだから、その「名残り」がいまでもマイクロ波として観測できるはずではないかと考えました。その予言通りに、1964年の「マイクロ波背景放射」の発見によって、アーノ・ペンジアス（1933～2024）とロバート・W・ウィルソン（1936～）は1978年にノーベル賞を受賞しました。

実はこの理論には原理的に困難な問題がいくつかありました。

「まず一つには、宇宙が『特異点』（注）から始まったと考えざるをえないことです。……宇宙が膨張しているということは、その時間を逆にたどっていくと、宇宙はどんどん小さくなって、エネルギー密度はどんどん高くなっていきます。そして宇宙のはじまりが点であったならば、ついにエネルギー密度は無限大になってしまうのです。つまり、宇宙のはじまりは物理学が破綻した点だったと考えざるをえないのです」（A46頁）

（注）「特異点」とは物理学の法則が破綻する「密度が無限大」「温度が無限大」の点のことです。

「二つめは、ビッグバン理論は、宇宙はなぜ火の玉になったのかについては何も答えていないことです。

また、ビッグバン理論では現在の宇宙構造の起源を説明できないという問題もあります。宇宙の大きさが非常に小さかったときに、その中に『密度ゆらぎ』といわれる小さな濃淡のムラがあったことで、のちに濃度の濃いところを中心にガスが固まり、星や銀河、銀河団といった構造ができたと考えられています。しかし、ビッグバン理論では非常に小さな『ゆらぎ』しかつくれず、宇宙の初期に銀河や銀河団のタネになるような濃淡をつくることが理論的に難しいのです。

この問題と裏表の話になりますが、宇宙の構造は遠いところまですべて一様なのはなぜかという問題があります。たとえば私たちの住む銀河から100億光年離れたところにある銀河と、その銀河とは反対方向に100億光年離れたところにある銀河とは、宇宙のはじまりから現在まで一度も関係を持ったことはありません。因果関係を持たない領域どうしが、言い換えれば、これまでまったく関わりを持たず相談もできないような遠方の領域どうしが、同じような構造をしているのはなぜなのかという問題です。これを『一様性問題』といいますが、この問題に対して、ビッグバン理論は答えることができません。

さらに、宇宙は膨張を続けているわけですが、観測によるかぎり、われわれの宇宙はほとんど曲がっていません（曲率がゼロに近い）。ユークリッド幾何学が成り立つような平坦な宇宙です。しかし、平坦なまま大きく膨張させることは、数学的には非常に困難です。これはプリンストン大学のロバート・ディッケ（1916～1997）が指摘した問題で『平坦性問題』といわれています。これにもビッグバン理論は答えることができません。……私たちが宇宙に存在するためには、神様が（中略）平坦な宇宙になるよう設定しなければなりません」（A47～49頁）

物理学の中心的命題として、素粒子の「力の統一理論」がありました。

力の強い順に並べますと、「強い力」＞「電磁気力」＞「弱い力」＞「重力」となります。

万有引力として知られる「重力」。電気や磁石の力である「電磁気力」。「強い力」は、湯川秀樹先生が見つけた中性子と陽子を結びつける力で、原爆や水爆のエネルギーを出す力です。「弱い力」は中性子が電子（ベータ粒子）と反電子ニュートリノを放出して陽子になったりする、「ベータ崩壊」という変化を導く力です（A51、80～81頁参照）。この「四つの力」は易しく書かれた物理学の解説書によくでてきますが、もともと一つの力であったものが宇宙創成のわずかな間に次々に枝分かれしました。驚きの宇宙創成です。

7．素粒子論でビッグバン理論の謎を解く

第一の問題は、宇宙のはじまりが「特異点」となって物理学が破綻することでした。「宇宙の初期に温度が急激に下がったことで『真空の相転移』が起こり、真空の空間自体の性質が変わりました。すると、真空での力の伝わり方も変わったのです。そのような相転移が次々に起こり、そのたびに、重力が枝分かれし、強い力が枝分かれし、電磁気力と弱い力が枝分かれをしていったというのです」。「実は真空というのは真の空っぽの状態ではありません。よくよく見てみると、その空間では、粒子と反粒子がペアで生まれては合体して消滅する、対生成・対消滅を繰り返しているのです。（中略）つまり、真空にも物理的な実体があるということになります。このことを最初に理論化したのが南部陽一郎先生（1921~2015）で、2008年にノーベル賞を受賞しました」。「相転移とは、ものの性質が温度の変化によってがらりと変わってしまうことです。水は温度が下がることによって氷に変わります。これが相転移です。水の状態では分子は特別な方向性を持たず、どの方向にでも自由に動き回っていますが、氷になると、格子状の結晶となって、あ

る一定の方向性を持ちます。こうした『方向性』を持つことは、『対称性』を失ってしまうことでもあり、物理学では『対称性の破れ』と呼ばれます。また水が氷に変わる相転移では、対称性の破れが生じるとともに『潜熱』という熱が生じます」（A54〜56頁）

宇宙の誕生直後、四つの力がそれぞれ真空の相転移によって強い力と電磁気力が枝分かれするときに、まさに水が氷になるのと同様の現象が起きることがわかったのです。秩序がない状態よりも秩序がある状態の方がエネルギーは低くなるためその落差が熱として出てくるわけです。宇宙は誕生したとき、水と同じような秩序のない状態でした。空っぽのようで実は物理的な実体を持つ真空の空間自体が、エネルギーを持っていたのです。このエネルギーのことを「真空のエネルギー」といいます。宇宙は秩序のない状態ですから、「真空のエネルギー」は高い状態にありました。この真空のエネルギーは互いに押し合う力として働きます。互いに押し合い空間を押し広げようとする力（斥力）として働きます。真空のエネルギーが空間を急激に押し広げると宇宙の温度は急激に下がり、真空の相転移が起こります。このとき、水が氷になるときに潜熱を発するのと同じように、落差のエネルギーは熱のエネルギーになります。水ならば周辺の空間に熱を奪われて氷になりますが、宇宙空間ではその潜熱が空間内に出てくるため宇宙全体が火の玉になるほどのエネルギーになるのです（A60～62頁参照）。

この素粒子レベルから一気に宇宙レベルへの飛躍の物語には圧倒されます。

以上のことを考え合わせますと、次のような宇宙初期のシナリオが描き出されてきました。

・宇宙は、真空のエネルギーが高い状態で発生しました。

・その直後、10^{-44}秒後に、最初の相転移によって重力がほかの三つの力と枝分かれします。

・いわゆる「インフレーション」は、そのあと10^{-36}秒後頃、強い力が残りの二つの力と枝分かれをする相転移のときに起こりました。

・真空のエネルギーによって急激な加速膨張が起こり、$10^{(-35)\sim(-34)}$秒後というほんのわずかな時間で、宇宙は急激に大きくなりました。その規模は10^{43}倍とされています。

・そのような膨張が起きれば、1ナノメートル（1mの10億分の1）ほどの宇宙でも、私たちの宇宙（100億光年レベル）よりずっと大きくすることができるので

す。（A62頁参照）

この宇宙は、２０００億個の銀河があり、銀河には２０００億個の恒星（太陽に相当する）があると言われています。最近のニュースによれば、２０００億個の銀河は２兆個と10倍に修正されたそうです。

8．私たちが知っている宇宙はわずか5％

私たちは、銀河、太陽、地球といった物質を宇宙ととらえて研究していました。それを全部合わせても全体の４・９％にしかなりません。何かわからないダークマター（ダークというのは、よくわからないという意味です）が26・８％、何かわからないダークエネルギーが68・３％あると推定されています。宇宙探査機や人工衛星の発達で宇宙空間成分の観測精度が向上し、２００3年現在の数値です。

因みに、宇宙にある元素は、水素原子93・３％、ヘリウム原子6・４９％、残りは全部で0・２１％でしかありません（https://ja.wikipedia.org/wiki/ 宇宙　参照）。

まずダークマターです。私たちの太陽系がある天の川銀河のような、渦巻き銀河を真上から見たとしましょう。この円盤状の銀河の中で、それぞれの星は互いの重力によってケプラー運動と呼ばれる楕円運動をしています。通常、銀河において多くの星は中心付近に集中していますから、中心から離れている星ほど重力の影響が弱くなり、その運動速度は遅くなるはずです。ところが渦巻き銀河における星の運動速度を測定してみますと、むしろ外側のほうが速い速度で回っていることがわかったのです。この事実を説明できる理由を考えると、銀河の質量は中心に偏って存在しているのではなく、銀河の周囲全体に、われわれには見えないけれども、何らかの物質が存在しているということになります。この見えない物質がダークマターと呼ばれるものです。その物質に比べれば、星やわれわれの体を構成している物質は、ごくマイナーなものです（A108〜109頁参照）。

つぎに、ダークエネルギーです。インフレーション理論に基づく宇宙誕生のシナリオでは、宇宙のはじまりには、まずインフレーションと呼ばれる指数関数的な加速膨張がありました。これは、真空のエネルギーが空間を押し広げる力によって起こったものでした。実はここで、真空のエネルギーはほとんどゼロになったと思われていました。その後も宇宙は膨張を続けていますが、これはいわば慣性によるもので、膨張速度は次第に減速すると思われていたのです。ところが米国ローレンス・バークレー国立研究所のソール・パールムッター（１９５９〜）は、１９９８年に、現在の宇宙が、緩やかながらも再び、加速膨張していることを発見しました。加速度があるということはなんらかのエネルギーが宇宙の膨張を加速しているということです。しかし、それがどのようなエネルギーなのかはわかりません。そこで、宇宙には正体不明のエネルギーがあると発表したわけです（A116〜117頁参照）。

社会を営む人間がどのような行動原理によっているのか、それを探して、「空の思想」から「量子論」へ。そして宇宙の誕生に遡って「量子のふるさと」を訪ねることになりました。

いまだ未解明の「私たちの意識はどこから来て、どこへいくのか」という命題は、95％の「ダーク」がカギを握っているのではないでしょうか。

＊第７章での引用文献
A：『インフレーション宇宙論』佐藤勝彦著、講談社、２０１０
B：『生命の惑星（上・下）』チャールズ・H・ラングミューアー／ウォリー・ブロッカー著、宗林由樹訳、京都大学学術出版会、２０２１（原著は２０１２）
C：『宇宙の奇跡を科学する』本間希樹著、扶桑社、２０２１

第8章　宇宙論と社会

——真空のエネルギーから生まれたヒトの素材——

1. 生命の素材づくり

素粒子論にもとづく佐藤勝彦先生の前出『インフレーション宇宙論』は想像を絶する世界です。この広大な宇宙が「無」ともいうべき「真空のエネルギー」から生じて、直径数センチの宇宙に成長し、そして一気に今の宇宙に近い状態に成長し、いまも膨張を続けているのです。

成長を続ける宇宙のなかで、最も簡素な元素である水素、ヘリウムの核融合反応で元素という物質の素材が作られました。大変良質な素材で真空のエネルギーから派生した陽子、中性子、電子などの素粒子からできています。この素粒子は「量子の特性」で述べた変幻自在の性質をもって産出されてきました。あとはより高度な素材をどのように加工するのか、化学的物理的な調理をすることでワンランク上位の階層「生命」を形作るのか、の問題が残されています。前出『生命の惑星　下』では、惑星の表面に生命がどのように入植したのかを考察しています。

2. 物質から生命はどう分かれたか

⑴生命はどのように定義されているのでしょうか。『生命の惑星』の著者や生物学者は「生命とは細胞である」と定義します。すべての生物は同じ特徴をもつ細胞から出来ていて、単細胞の細菌であろうとヒトであろうと同じ細胞であって、もとは一つなのです。「細胞は膜によって外界との境界をつくり、膜を通して選択的な物質輸送を起こす。その内部では、同じような分子、化学反応、およびサイクルが、代謝と複製を行う」（『生命の惑星　下』）

「代謝と複製」も生命の要件に入れる考えもあります。

しかし、膜ができる前に、膜を作ろうという意識あるいは意思決定が必要です。そして「生命は意識である」という仮説も必要です。英国の数理物理学者ロジャー・ペンローズは生命が生まれるときに重力が作用すると考えます。重力は10^{-39}でブラックホールの

10^{-40}mに近い「時間や空間が量子力学的に不確定になってしまう」（『大栗先生の超弦理論入門』58頁）世界です。そういう世界で、ハメロフは「原意識」が宇宙を満たしていて、生命が生まれる瞬間に意識が生命体と一体化するとの仮説と理解しています。それでもどういう状態になったら、そうした現象が起きるのか、まだまだ理解が足りません。

⑵宇宙空間の成分のなかで科学が認識している銀河や恒星などの原子は5％にすぎません。ＣＥＲＮで把握された素粒子は10^{-19}mまでで、重力の10^{-39}のはるか手前です。真空のエネルギーから派生した素粒子は生まれながらに不思議な量子の特性を備えています。自然界の秩序や宇宙の構造の複雑さや緻密さを根拠に「知性ある何か」によって生命や宇宙の精妙なシステムが設計されたとの理論（インテリジェント・デザイン論）があります(https://ja.wikipedia.org/wiki/インテリジェント・デザイン　参照)。

自然界あるいは宇宙が設定したゴールははるか遠くにあり、生命の謎に挑戦することで科学が進歩していくのかもしれません。少なくとも技術水準が高くても人間が作り出したＡＩ、しかも意味を回避して、確率・統計に逃げ込んだＡＩが遠く及ぶところではありません。

⑶量子コンピュータで写し取らなければいけない原理は、光合成や生物の生態を取り仕

切っている「自然界の理」であり自然界の運営原理であると考えます。私たちは初めて「自然界の理」のとば口に立つことが出来ました。これから20年、30年でどこまで自然界の原理に迫ることが出来るのか楽しみです。なにしろ宇宙は瞬時に自らを引き延ばす得意技を持っているのです。

２０１９年10月に、米グーグル社がスパコンで1万年かかる計算を２００秒で解くことに成功したと、英科学誌「ネイチャー」などに掲載されて話題になりました。これは所謂「巡回セールスマン問題」などの「組合せ最適化問題」という特殊な事例であると批判されています。私たちはこれまであまりに二進法計算問題に馴れてしまったために、それ以外は特殊だと考えがちです。しかし逆に自然界は「組合せ最適化問題」などが主流ではないでしょうか。自然界に「計算」はありません。これからの「量子コンピュータ」の応用が成功するかどうかは「自然界の理」をどこまで写し取ることができるかどうかにかかっていると思っています。

このことは「量子コンピュータ」（名称に異論がありますが）を「計算」というボトムアップで考えるのか、「自然界」あるいは「宇宙」というトップダウンで考えるかの違いと思われます。

コンピュータの延長線上にあるＩＴやＡＩが、ＡＩ兵器やキラー衛星を生み出して地球破壊的に作用しがちであるのに対して、量子コンピュータは地球親和的な科学になるのではないかと期待します。いま資本主義が使用価値よりも交換価値を追求することで今でも成長を追求し生態系の破壊に作用しています。新たな経済システムが求められているときに、量子コンピュータは生態系と調和的な科学として登場したのではないでしょうか。

第9章　社会・経済と量子の特性

——「社会」をつむぐ量子の赤い糸——

1. 量子から導かれる人間社会の考え方

量子の特性がどのようにして私たちの社会や経済と関連してくるのでしょうか。社会科学の中でも哲学、法学、歴史学などを除き、経済、金融、投資、そして国際政治など変化の速い分野では、学問としての理論構成と現実の不確実性との落差に悩まされてきました。

経済学で言えば、古典派経済学は１９３０年代にケインズ経済学に席を譲り、１９７０年前後には経済の現実と経済理論の落差から新古典派経済学に移行しました。２００８年のリーマンショックで統計学や数式を多用した新古典派経済学が退場しました。経済理論の寿命は40年前後しかなかったことになります。

それは想定以上に経済環境が激しく変化したからです。経済理論の前提はニュートン力学の論理性、確実性を基礎にしています。

論理性は法則性にほぼ同義です。過去のデータ、経済指標、発生事象などを抽出し分析することで「法則性」を導き出すのが一般的です。説得力のある法則性ほど柔軟性が乏しく変化に対応しにくくなります。これまで概ね40年前後で経済学の法則性と経済環境の落差が限界に達してきました。量子にとっては現在が全てです。他者との競争や環境変化に対応できなければ敗者となり未来はやって来ないからです。勝者となるためにはまず自らを強化し変化に適応することです。

人間社会であれば、周囲の変化に適応し戦う相手を観察し分析して、それ以上に自分を強化することに尽きます。人間は大脳が発達したお陰で言語を理解し文化が発達し科学技術を進化させることができました。他の動物たちよりも環境適応力の劣る弱い体を衣服や住居、食物で補い、高速の移動手段を手に入れました。

しかし考えてみますと自然界の動物たちは教育をうけず、ＧＤＰや経済成長とも無縁で、自然界の恵みを享受しています。人間は科学を発達させましたが、光が強ければ影も強くなり生存環境との調整に苦しんでいます。

コロナウイルスとの戦いにいまだ目途が立っていません。ウイルスは１日に１個が１０００個に増殖します。３日経つと10億個になります。あとは無限大で数え切れません。しかも二本鎖の複写に適したＤＮＡと異なりウイルスは一本鎖のＲＮＡ遺伝子で突然変異しやすくできています。ワクチンを開発してもすぐ乗り越えられてしまいます。これからは敵対するのではなく、せめてウイルスと共存できるのかどうか答えは出ていません。

幸い長足の進歩でハイテク化が進んだおかげでウイルス分析とワクチン開発が期待されますが、人間の「利己的遺伝子」という大きな壁が立ちふさがっています。

横道にそれました。ウイルスでも経済、国際政治でも、極論すれば「今が全て」です。対応する「相手」「環境」の情報を入手し分析し対応力を強化していくしか術はありません。それには公的機関や研究機関による統計データの整備と情報の収集・発信が必須の条件です。

さて量子の特性と人間社会の関係です。第4章で、人間社会とかかわりの深そうな量子の特性を七つ掲げました。ここに少々のコメントを追加いたします。「量子の二重性」は量子力学で真っ先に登場する特性です。高校の教科書でも「量子力学」といえば「量子は粒子であって波である」と説明しています。量子物理学的にそうであっても、私たちの社会や経済と「関係があるのか、ないのか」それが問題です。ヒトの身体が量子の特性に支配されることで私たちと社会にどのように影響するのか、社会的な視点から何が言えるのか、列挙しました。

① 私たちは、お互いの関わり合い「相関性」の中で成り立っている。
② 私たちは、環境適応力が高い。また環境に適応しなければ生きていけない。
③ 私たちは、生き残りをかけて絶えず「変化」していく。
④ 私たちは、「多様」な集団を形成し、それぞれ「利己的」に行動する。
⑤ 私たちは、「曖昧模糊」として「矛盾」だらけの存在です。
⑥ 私たちは、「協調」と「対立」、「発散」と「収斂」のなかで行動し「歴史」を作る。

⑦　量子は、「過去」は「過去」として振り返らない。「未来」は不確実で、私たちの行動の結果として未来がある。私たちにとって「現在」に圧倒的に大きな比重がかかっています。

「経済・金融・証券」の時間軸への向き合い方は、「現在」をいかに把握するかです。量子理論は「空の思想」の「この世の全ては縁起（相関性）によって成り立つ」を科学的に敷衍（ふえん）したと考えます。「量子の二重性」からくる「相関性」は最重要キイワードですので章を改めてご説明します。

西部邁氏は著書『経済倫理学序説』（中公文庫、１９９１）において、ケインズは経済をめぐる二重性、二面性を発見したところに彼の優れた洞察力が認められる、と指摘しています。これはいわば「量子の相補性」に相当します。

すなわち、「均衡と不均衡」「慣習と変化」「確実性と不確実性」「合理と非合理」「個人と集団」「競争と干渉」といった二項対立の指摘です。ここで量子の特性と照らし合わせますと、ケインズの思考はきわめて量子論的であり、「相補的」であることに気づきます。

投資の世界の「相補性」としては、「強気と弱気」「売り手と買い手」「価値と関係」「需要と供給」などで価格が形成されていきますし、国家や経済、企業の消長は、「発散と収斂」「遠心力と求心力」の動向によって繁栄したり衰亡したりします。つまり相補性の趨勢で流れが決定されることになります。

「関係と変化」の重要性については前拙著『量子論でみる社会と経済』のメインテーマでしたが、その多くを本書に転載いたしました。本稿でのメインテーマは「相補性」としております。

2．「量子の二重性」と社会の関連

⑴相関性

量子は何かに出会ったとき反応するということは「相関性」がキイワードです。森羅万象との相関を意味しています（「相関性」については章を改めます）。

⑵環境などへの適応性

量子は、自分の存在をフルに発揮するよう行動します。環境適応力が極めて高く環境変化や他者との出会いに反応します。前著でご説明した「ダーウィンの進化論」は、量子のもつ特性である「相関性」「たえざる変化」の好個の事例です。

す。

(3)「生き残るために変化する」

英国の進化生物学者・動物行動学者リチャード・ドーキンス（オックスフォード大学）は1976年に『利己的な遺伝子』を著しました。彼は、動物や人間社会で見られる、親子の対立と保護、雌雄の争い、攻撃や縄張りがなぜ進化したのかを解き明かしました。欧米で思想界をまきこんで大論争となりましたが、遺伝学の古典として高い評価を得ています。

過去の学説では、進化において重要なのは「種の保存」「種の利益」としていましたが、彼は種全体の繁栄は進化的に意味をなさない概念と切り捨て、視点を個体から遺伝子に移し替えました。人間を含め、あらゆる動物は遺伝子の単なる乗り物であり機械にすぎないとします。遺伝子と遺伝子の間の競争は激しく、その中で何百万年も生き抜いてきたのは、成功した遺伝子が「非情な利己主義」を持っていたためとの自説を展開します。遺伝子は前もって計画を立てることはせず、少しでも生存に勝つ見込みがあればチャンスに乗るだけです。そして量子も過去に引きずられることなく、環境変化があれば、量子もそれに応じて変化し適応します。「粒子であって波である」とはそういう意味が込められていると考えます。私たちは、過去のデータ、過去の事象を収集し分析し論理立てすることで相手を説得しようと試みます。そうした過去に基づく論理立てや理論は現実問題に適応できていないのが最大の課題でした。量子論的には、過去を切り捨てて前へ前へと進んでいくのですから、過去のデータや事象に立脚した理論が変化する現実と乖離していくのは当然です。

「空の理論」の「無常」も「常ならず」つまり「この世のすべては変化する」という意味です。この世の中は変化することが当然であるとの前提に立たないとついていけません。またそのように考えますと歴史の変化を素直に受け入れることができます。

⑷多様性

量子がそのときどきの環境変化や出会いに適応していくということは、量子を基本構造としている人間や生物も実に多様な姿を現すことになります。

個々の人間を比べますと実に多様です。毛髪や目の色、肌の色などは主に遺伝子によるものです。指紋はもちろん眼の虹彩も個々の人間でみな違います。中国ではＡＩの顔認証システムによって群衆のなかから犯罪者をピックアップしたことがニュースになっています。それもこれも量子がそのときどきの環境変化に相関し変化していくことからきていると考えられます。更には、国、歴史、宗教、地勢、家族の系列、教育によってもいろいろ影響を受けます。このように思考も性格も異なる人間それぞれが「利己的遺伝子」を持って勝手な振る舞いをされては世の中が治まりません。多様な人間の集まりを、それぞれの利己性を最大限満足できるようにするのが政治、経済、文化の課題です。人間社会の課題を量子の視点から考えていきますと、別の糸口が見つかるはずです。

(5)利己的な人間集団が形成する社会を考える——政治経済の一例

政治の世界では、「効率」と「公平」の対立軸をめぐって、アメリカでの共和党、民主党などの党派の綱引きがあり、これに地域性、職業などが加わります。最近ではケータイやスマホで情報が瞬時に伝わりますから昔より統制が困難になりました。ブレグジット(注)はその典型例です。

(注) 英語でBrexitと綴る。"Britain"と"exit"の混成語。イギリスの欧州連合離脱のこと。2016年6月23日の国民投票の結果、投票者の51・9%がEUを離脱することを選択したことにより行われた(https://ja.wikipedia.org/wiki/イギリスの欧州連合離脱 参照)。

経済でも、グローバル化の進展で、GAFA(米国のグーグル、アップル、フェイスブック、アマゾンの頭文字)などの少数の企業がプラットフォームを形成することで巨額の収益を上げやすくなりました。IT企業であってもGAFAが収益の大半を稼ぎ、それ以外のＩＴ企業は厳しい競争にさらされています。

ＡＩの進化によって、給料や報酬の高い弁護士、会計士、司法書士や医師などの職業が侵食されて賃金の低いサービス業に流れることもあって、労働分配率が低下しています。企業収益の一部を税として徴収して再配分することが考えられますが、企業はグローバル化しているので、タックスヘイブンなどに逃避して容易に捕捉できません。国際協調が望まれるものの、各国の事情が異なり足並みを揃えにくいのです。このまま貧富の格差が拡大していきますと、世情が不安定化し、革命による所得調整も視野に入ってきます。「ベーシックインカム」の実験に入っている国が増えてきました。いまのところ、財源など多くの課題が残されているようです。資本主義経済は持続可能でない、あるいは資本主義は終わったとの見方があります。21世紀の経済体制はどこへ向かうのでしょうか。後半のテーマです。

第Ⅲ部　社会の「関係性と変化」および「相補性」

量子の特性の中で「関係性」と「変化」は、「空の思想」の「縁起」と「無常」の中心テーマです。

わたしは現役時代に「空の思想」は資産運用の真髄と考えていました。その関連で、ここでは「関係性」と「変化」に絞って記述いたしました。

第10章　社会は関係性でつながる

——この世の全てのものは、相対的な関わり合いにより存在している（縁起）——

1．量子理論が説く「関係性」

前出のカルロ・ロヴェッリ著『すごい物理学講義』から量子の「相関性」を引用します。

「量子力学では、質量などのいくつかの不変の属性を除いて、物体そのものはいかなる属性も持たない。物体の速度、位置、角運動量、電位などは、その物体が他の物体と衝突した時だけ発生する。……ある相互作用から次の相互作用にいたるまでのあいだ、物体のあらゆる変数は特定できない。ハイゼンベルクは電子の位置は特定できないと看破したが、天才ディラック（注）は『相関性』を量子理論の普遍的性質に止揚した」

（注）ポール・ディラック（1902〜1984）英国生まれ。アインシュタイン以後に生まれた20世紀最大の物理学者と称賛されている。

「量子理論は事物が『どのようであるか』ではなく、事物が『どのように起こり、どのように影響を与えあうか』を描写する。一例をあげるなら、粒子がどこにあるかではなく、粒子が（次に）どこに現れるか、を描写するわけである。実在する事物から成り立つ世界は、起こりうる相互作用から成り立つ世界に変換される。現実は相互作用に姿を変え、そして、現実は関係に姿を変える」

引用が長くなりましたが、量子理論のたどり着いた「関係性」をこれほど明示的に示していることにもっと早く気づいていれば、経済や投資理論の「真理」は何かと長いこと悩むことはなかったと思います。

私たちが論理的に考えようとしたとき、そのものに内在する価値を求めようとします。例えば「企業の価値」です。株式で言えば、「一株当たりの利益」です。

投資理論では米国が先駆者です。かつては膨大なデータを分析して、最終的には企業の将来の「一株当たりの利益」の評価に着地しました。量子理論によれば、「現実は関係に姿を変える」と内在価値は否定されます。すべては関係の中に表現されることになります。私たちは、ある種の安心感を求めるため、古典物理学とされる「ニュートン力学の確実性」の中に答えを求めようとします。いろいろな学説が唱えられますが、つまりは現実の前に破綻をきたします。最近は、「中国の景気の現状」や「米国の政治情勢」をＡＩでさまざまなキイワードを分析しますと、思いがけないキイワードの相関度が高く表示されて、あらたな関係性を発見できるようになりました。

2.「空の思想」の関係性

インドでは、宇宙原理が現象を超えたところに存するのではなく原理が現象に内在するか、あるいは現象が原理の構成部分となるという考え方が仏教以前から確立していたそうです（『龍樹』中村元著、講談社、２００２　参照）。

インドのそのような考え方を明らかにしたのが釈迦であり、理論的に完成させたのがナーガールジュナ（龍樹〈りゅうじゅ〉）でした。龍樹の基本思想は、「この世の一切のものは実体（自性）をもって存在しない。すべては他に依存しているのであって、それ自体として存在するものは何一つとしてない。すべては他に依存して成立する。すなわち『存在の実相は縁起』である」とします（『空の思想史』立川武蔵著、講談社、２００３　参照）。

「空の思想」を含む仏教思想は、チベットに入り、中国で花開き、最澄・空海によって日本にもたらされました。般若心経の「色即是空、空即是色」は肯定的な面が強調され「色は否定されるべき俗なるものではなく、肯定されるべき聖なるものとしての価値を有している」とされ、これが「諸法実相（もろもろのものは真実のありかたそのものである）」につながっていきます。この世界は「実体がなく（空）、お互いの関係の中に成り立ち（縁起）、それは常に変化して已まない（無常）」（『経営を活かす般若心経』松村寧雄著、ソーテック社、１９８３）と観じ、現在の世の中を相互の関係の中で読み解き、絶えず変化するとの前提で向き合うならば、「不確実性の経済」と嘆ずることもなかったに違いありません。

3．「人間社会」の関係性

⑴人間のイメージする世界（村上泰亮説）

量子理論も空の思想も、その指し示すところは「関係性」です。では現実の人間社会ではどうでしょうか。

私たちは「関係性」が網の目のように張り巡らされた中で生活しています。

村上泰亮（1931〜1993、理論経済学者、元東京大学教授）は著書『反古典の政治経済学』（中央公論社、1992）で人間のイメージする世界を「事物、または自然」「他人」「自分（または自我）」と区分しました。

⑵連句（歌仙）の「自他場」

趣味として嗜んできた連句（連歌）に「自他場」があります。連歌は五・七・五の長句と七・七の短句を座に参加する仲間（連衆）が交互に詠み合う文芸です。形式にはいろいろありますが松尾芭蕉が三十六句をもって一巻とする「歌仙」形式で芸術的に完成しました。

連句を経験しないと、イメージが湧きにくいと思いますので、一つのエピソードをご紹介します。

1999年1月20日、かつて宇宙飛行士の向井千秋さんが宇宙船から「宙がえり　何度もできる　無重力」という上の句に下の句を募集したところ、延べ14万件を超える応募がありました。「湯船でくるり　わが子の宇宙」「水のまりつき　できたらいいな」「星がま

たたき　拍手する」などが最優秀賞作品の例ですが、地球と宇宙船との楽しい交歓が伝わってきます。「五・七・五・七・七」のリズムは日本人の体に染みついているのです。できるだけ多くの素材を詠み込むと同時に、同じ素材を詠み込まないように多くのルールがあります。その一つが「自他場」です。まず人情の有無によって「人情の入らないもの」を「場」とします。「人情の入るもの」には「自情（自分の思い）」「他情（他人の描写）」「人情自他（典型的には恋句）」に分け、「自他場」のつけ句をマンネリにならないように変化をつけて配分し、詩情豊かな一巻に仕上げていく文芸です。関係論として考えるときによくできた構成になっています。社会の様々の関係性はこの「自他場」で表現されます。「自―他」の関係、「自―場」の関係、「他―場」の関係の三様の関係が基本です。これにヒントを得て、「自―自」の関係、「他―他」の関係、「場―場」の関係を付け加えました。詳しくは、拙著『量子論でみる社会と経済』をご参照ください。

(3)「幸せ」は「関係の大きさ」、「関係の強さ」で決まる

「自分の幸福」。幸福は何によって決まるでしょうか。まず「自―他」です。周囲、つまり家族、友人、先生、上司が自分を評価し優しく接してくれるとき、その関係が密接で強いとき、幸せです。

「自—自」。周囲が自分を評価している自分像と自分が自分を評価している自分像が一致しているときは幸せですが、ギャップがあるときは不幸です。また将来に向けて目標をもち現在を生き生き過ごすことができるかどうか、も幸不幸に関係します。

国際関係では自国は「自」で、他国を「他」で置き換えることが出来ます。

世界はどの国も国益優先で行動します。このとき自国と他国の関係それに全体の流れが加わります。人間も国家も「収斂」する力と「発散」する力が働きます。「発散」より「収斂」する力が勝るときは、良い方向に成長していきます。両者の力が均衡し、適切にコントロールされるならば、繁栄の時間は長く続きます。一旦そのバランスが崩れると、発散する力がより強く働き、ヒトも国家も凋落の道を辿り、新たに台頭するヒトや国家に道を譲ることになります。

通常、生命体を長く維持するのは、新陳代謝を活性化することであり、変化に適応することが決め手になります。わずかの齟齬も重大な結果を生み、それが歴史として紡ぎ出されてきました。その意味でも、その時代に生きるヒトにとっては「現在」が最も重要であり真剣に向き合っていかなければならないと「量子論」は教えています。「現在」は「過去」に比べてどのように変化してきたのか。「過去」は「現在」を位置づけるものとして意味を持つものと考えます。「過去」はその時代に存在した状況によって形成されたものですから、その分析に意味を持ちます。

第11章　「関係性」は絶えず変化していく

――この世の全てのものは、常に移りゆく（無常）――

1．なぜ変化するのか

⑴変化するのは「生命、組織に特有の現象」⇓「カオスの縁」

「カオスの縁」は複雑系の科学の中心となる考え方です。

あるシステムが情報処理しようと考えたとき、あまりに静的な状態では情報が途中で凍結してしまい、遠くへ伝達することができない。逆にあまりに動的であると情報は途中で壊れてしまう。静的すぎず動的すぎない「カオスの縁」でのみ、情報が適度に保持される安定性と適度に伝達される流動性とが絶妙なバランスを保てる。進化や学習という適応のメカニズムは、生命をカオスの縁に向かわせるものと言われています(『複雑系入門』井庭崇／福原義久著、NTT出版、1998 参照)。

生命以外でも、ビジネス組織、政治組織などは発散化と収斂化のたえざる動きの中でカオスの縁にあったとき最も組織は活性化し、その組織の最盛期となる。組織の形成、成熟のなかでカオスの縁に向かい、いつしか発散化の力が次第に強まり終焉に向かう。このサイクルが生命、組織、国際トレンドの変遷の原因になっていると考えます。

最近注目を集めた国際的政治のイベントを事例として採りあげました。

(2)「カオスの縁」の事例：2020年米国大統領選挙

世界の趨勢を決めるこの選挙が、異常の連続で着地しました。歴史の転換点は常にそうですが実に「量子的」であり、「カオスの縁」の好例といえます。

人間は「多様で自己主張の強い」存在です。こうした人たちを国民として統治するのに、中国は専制主義で、米国は民主主義で統治しています。中国は領土支配の結果として多様な民族を抱え込み、一方、米国は積極的に移民を受け入れ経済を発展させました。

利己的で意見がまちまちな国民の統治形式としてどちらが優れているのか。

中国は米国大統領選挙の混乱ぶりに「自分たちの政治体制が優れている」と凱歌をあげ

ました。とはいえ、中国も米国もいろいろな問題を抱えていますから最終的に勝負がついたわけではありません。特に中国は習近平主席の独裁体制確立後、鄧小平の「白い猫でも黒い猫でも鼠を捕る猫はいい猫だ」から、マルクス・レーニン主義への急反転に経済は苦戦しています。

米国の選挙で、バイデン大統領は最後の最後まで予断を許さない厳しい状況でした。もしコロナウイルスが発生していなければトランプはらくらく再選されたでしょう。トランプは公約を忠実に実行しましたし、コロナ禍前までは景気は良好で失業率も最低、株価も高値圏にありました。IT化と中国の安価な労働力によって製造業は空洞化し、かつては豊かな中間層であった白人労働者たちはラストベルト（中西部の錆び付いた地帯）の中で放置され民主党政権やマスコミも振り向いてもくれませんでした。オバマが大統領に就任して以来、様々の白人至上主義者のグループが全国に誕生しました。彼らの鬱積した心情をくみ上げたのがトランプでした。彼らにとってトランプは救世主だったに違いありません。その独特のアピール力とX（旧ツイッター）などのSNSの発信力で7400万票以上の一般投票を獲得しました。もし郵便投票がなかったら、トランプの性格がこれほどあくどくなかったら、「トランプでなければ誰でもよい」という有権者は少なかったはずです。2021年1月6日の米国議会襲撃事件は、トランプのオウンゴールとなり、大統領選・下院・上院の三つのブルーウェーブで決着しました。僅かの差がその後4年間の国際政治の方向を切り替えました。

このように政権の消長の多くは僅差の差異で決定されます。「複雑系」で言う「初期値の敏感性」（バタフライ効果とも言います）であり、その僅差が、蝶の羽のように右と左に運命を大きく分けてしまいます。

バイデン政権がスタートすると当初の下馬評とは異なり、大胆な国家改革に取り組み始めました。国際政治を中国の専制国家の対立軸に民主国家の同盟を固めようとしています。これから先の国際情勢がどうなるのか、刻々の情報収集が欠かせません。

2.「変化」の三段階

「変化する」を三段階にわけて考えます。

第一段階は「受動的な変化」です。環境が変化するとき、自分自身が変化しなければ、生き残ることはできません。環境に適応して「変化」する、つまり「受け身の変化」です。第二段階は、自ら、周囲の環境や他者に働きかけて、自分の生存に有利なように変えていくことです。第三段階は、第二段階の「環境への働きかけ」をよりスケールアップした「その時代の世の中の枠組み（パラダイム）」そのものを変化させることです。

⑴周囲の変化に適応する「変化」

①ダーウィンの「種の起源」

チャールズ・R・ダーウィン（1809～1882、英、自然科学者）は、1931年にケンブリッジ大学を卒業後、イギリス海軍の測量船ビーグル号に乗船しました。1835年に、南米チリから1000㎞離れたガラパゴス諸島のチャタム島に寄港しました。当時はゾウガメ、イグアナ、マネシツグミなどの生物の多様性など博物学的関心があっただけでした。帰国後整理した標本の中に、のちの生物進化を示す雀に似たダーウィンフィンチの標本が含まれていました。それに関心を持ったグラント夫妻（英、プリンストン大）は1973年からフィンチの嘴と体のサイズ、食料の変化を研究して14種類のフィンチの形態を分析し、それまで単なる理論でしかなかった生物進化の過程を実証研究し、ピューリッツァー賞を受賞しました。

例えば、ムシクイフィンチは木の幹にいる虫をほじくり出して食べるので嘴は細く尖っており、サボテンフィンチはサボテンの花や果実を食べやすいように長く鋭い嘴、オオガラパゴスフィンチは硬い種を割りやすい大きな嘴、などです。

②コロナ禍と適応のかたち

「受け身の変化」といっても、多くの人は現状が続くと考えがちです。変化するのは面倒なことなので「今日のように明日もやってくる」、「だから今のままでいいじゃないか」と考えた方が気楽です。

今回のコロナ禍でも、基盤の弱い中小企業はずいぶん倒産しました。日本の企業は「失われた30年」でリスクに慎重となり、自己資金を投資に回さずに現預金に置いたままでした。そうした企業はほっと一息ついています。中小企業のなかでは後継難で「これを機に」と廃業した会社、店舗賃料の負担に耐えきれなかった会社、まちまちでした。

なかには、コロナ禍で社会の仕組みや文化のあり方が大きく変化すると考え、どのように対応すべきか思案している会社もあることでしょう。

中世に発生したペストでは教会の権威、神の権威が失墜し、ルネサンスの幕が開きました。また急激な人口減少で、人手のいる農業から牧畜に移行した等々、時代は変革を余儀なくされました。世界史では「ルネサンス」「エンクロージャー」を教わりましたが、このような背景についての記述はなかったように思います。

今回のパンデミックで、どのような変化が起きるのでしょうか。これまでのハイスピードの経済活動を自然界は受け入れてくれませんし、資源も枯渇しています。これまでの経済活動は許されません。新型コロナウイルスは自然界が人間にもたらした警告かもしれません。密閉・密集・密接の「三密」回避はコロナ感染症を軽減するための標語として掲げられました。

この「三密」が実は仏教用語であると知りました。密教では身密（手に諸尊の印契〈印相〉を結ぶ）、口密（語密。口に真言を読誦する）、意密（意〈こころ〉に曼荼羅の諸尊を観想する）の総称だそうです。

コロナ禍対応の「三密」は人間の究極の心地よさであり、祭りや様々の行事、スポーツイベントは往々にして三密を楽しむ場となります。自然界の警告を受けては、已むを得ません。一極集中の都市化は分散して自然を愛する生活に切り換え、リモートワークが普及すれば遠距離通勤・満員電車を免れて家族との生活を楽しむこともできます。人間は大脳が発達し科学や文明の進化によって安楽に生活することを覚えました。楽できるということは進化です。パンデミックで「受け身の変化」を余儀なくされます。案外、第二のルネサンスが待っているかもしれません。

⑵周囲に変化を働きかけるケース

周囲の変化に量子自らが適応すると同時に、自らを取り巻く環境に（量子）自身が働きかけていくケースです。人間社会でも同じで、自分を取り巻く環境や他の組織体に向けて自分の生存に有利なように働きかけることを意味します。

「米中対立」も「作用・反作用」の応酬で少しでも有利な立場を確保しようとせめぎ合っています。中国、というよりは中国共産党の戦略と言われていますが、阿片戦争、日清戦争で領土を割譲した屈辱の100年を復興し、かつての版図を取り戻そうと「中国の夢」を掲げて着々と布石を打ってきました。その自己中心の外交に疑惑を招き、各国が覚醒し米国を中心に同盟を組み中国の陰謀を打ち砕こうとするのが2021年の英国コーンウォールのG7サミットとなりました。米国のアフガニスタン撤退の無残な結果に固まりかけた同盟関係は振り出しに戻ったようですが、これからどのような展開になるのか見ものです。国際政治の世界は相互に「能動的変化」の場となります。

神の領域であったはずの遺伝子の世界はほぼ100%解析され、親が望むようなデザイナーベイビーが現実視されてきました。倫理的にどのように抑制するのか、果たして抑制できるのか、大きな課題です。

自然界の食物連鎖の外側で、食料用の動植物を生産することもできるようになります。自然、地球の破壊に繋がりかねず、科学は今や倫理と直結する問題となりました。

⑶既存の枠組みを大きく変える（パラダイムシフト）

①量子コンピュータ

最近の「スーパーコンピュータ」から「量子コンピュータ」への変化はまさに「大変化」です。スーパーコンピュータは人間が生み出した科学の究極にある計算機です。いまの最先端の半導体は2～3nm（ナノメートル）で、ほぼ原子の大きさに近づいてきました。原子以下は量子力学の世界ですから、スーパーコンピュータはまもなく限界に達します。量子物理学者は、次の研究対象として「量子コンピュータ」に着眼しました。量子コンピュータはコンピュータという言葉を使っていますが、その実態は自然界のシステムそのものです。「量子の二重性」「量子もつれ」「トンネル効果」などの量子力学が到達した「自然界の理（ことわり）」によって動いている世界です。自然界では、微小の世界で無数の化学変化が同時進行しています。スーパーコンピュータで1万年かかる計算を200秒で終えたとグーグル社が発表しました。

これは一つの事例にすぎませんが、人間が作ったスーパーコンピュータと自然界の理である量子コンピュータの間にはこれだけの格差があることを示しています。それは、宇宙論で述べた「真空のエネルギー」の宇宙のパワーを思い起こすならば、それ以上のものであることはご理解いただけると思います。そうした圧倒的なパワーである量子コンピュータの原理の「写し込み」に成功したならば、私たちの社会経済はどれだけの恩恵を受けるのか想像するにあまりあります。私たちの暮らしは効率が高くて投資額が小さい社会や経済に移行していくと期待されます。私たちの経済活動、消費行動、社会生活は自然を傷つけず、自然に優しいものになるに違いありません。あとはそこに住む人間の節度、自制心、環境を改善しようとする意欲次第です。

自然界の生物の営みにGDPは関係ありません。金利も無用。生産性向上によって政府投資に余裕ができてインフレをもたらすことなく、気候変動や国土強靭化、社会福祉、教育などに支出する余裕ができるはずです。ただしこれは長期金利がゼロ近傍にある先進国に限定しての話です。新興国の経済はその余裕がなく為替安で輸入物価が高騰し経済の維持が大変です。先進国と新興国の落差を埋める努力をしないと紛争を招く恐れがあります。紛争を起こさないための枠組みづくりが必要です。

現在の研究段階では量子コンピュータは2種類に分かれます。一つは「量子ゲート方式」であって、古典コンピュータと異なる「量子ビット（ｑｕｂｉｔ）」の動作原理を用いる方式で汎用性があります。量子ビットの扱い方によって「超電導方式」や「光量子方式」などがあります。前者は冷却装置が必要であり、後者は、冷却や真空装置が不要ですが、光子の生成と操作が難しいなど、一長一短です。二つ目は「量子アニーリング（金属の焼きなまし）」方式で、エネルギーの最小の状態を探索する計算を高速で行います。量子アニーリング方式は、最適化問題などの特定分野に特化していると言われます。私見ですが、自然界は計算ではなく、最適化問題を解くなど「自然界の理（ことわり）」が主流ではないかと思っていますが、計算から入る方が論理的でアプローチしやすいのかもしれません。

２０２４年3月に東大や京大の研究グループが約90年来の謎であった「マヨラナ粒子」が存在する証拠を見つけたと報道されました。イタリアの物理学者エットーレ・マヨラナが１９３７年に理論的に提唱したものだそうです。これまでの粒子は「外部からの影響を受けて状態が変化しやすく、エラーが発生しやすい」という量子コンピュータの難問解決に大きな一歩を踏み出しそうなのです。私たちの周りを取り巻くミラクルで未解明な世界に一歩一歩近づきつつある報道です（https://www.qbook.jp/column/1693.html　参照）。

②シンギュラリティ（AIが人類の知性を超える日）

コロナ禍でワクチンが短期間に開発されました。また光免疫療法などがん治療に有効な医学技術が開発されています。現在の生存率の一番低いがんは「すい臓がん」です。しかしいずれがんで死亡する人がいなくなるかもしれません。今から約60年前に『ミクロの決死圏』という映画がありました。医療チームが潜水艦ごとミクロ化し要人の体内で手術をするストーリーでした。いまでは医療チームがミクロ化しなくても優れた手術が行われています。レイ・カーツワイル（1948～）は前述の『シンギュラリティは近い』の著者です。AIの世界的権威であり、グーグルの共同創業者ラリー・ペイジによってグーグルの人工知能グループのリーダーに引き抜かれました。彼は自らを技術的特異点論者（シンギュラリタリアン）（注）と称しています。シンギュラリティ、つまりAIが人類の知性を上回り、私たちは生物の限界を超えてシンギュラリティへ到達するということです。彼自身はサプリメントなどで自らの寿命をつなぐならば将来は永遠の命を得ることができると考えます。2024年現在76歳。シンギュラリティの2045年まであと21年、そのとき彼は97歳です。寿命ぎりぎりの感じですが、果たして彼はシンギュラリタリアンとなって永遠の生命を得ることができるでしょうか。

（注）技術的特異点は単に可能であるだけではなく、慎重に導かれればむしろ望ましいものであるという信念を持つ人。

3．量子論と時制（過去─現在─未来）

量子論で「時制」を考えますと「過去」「現在」「未来」には大きな違いがあります。

⑴量子論で「過去は痕跡」

量子は過ぎ去ったことを振り返ることをしません。ただ現在の環境があるだけです。今の環境変化や出会った他の量子に必死に適応し変化するので精一杯です。うまく対応できれば生き残ることができます。それがすべてです。遺伝子は量子の進化形です。動物に感染するウイルスの遺伝子は長く連鎖した鎖ではなく途中にタンパク質を指定する情報が入っていない長い詰め物のようなものがあります。ＤＮＡの塩基配列を基にＲＮＡがつくられるとき詰め物部分は取り除かれてＲＮＡが継ぎ合わされます。この詰め物は遺伝子を基本単位に分割することで細胞は一個の遺伝子から膨大なメッセージの組み合わせを創ることができます。またかつては有用なＤＮＡであったものが環境変化で不要になった履歴を残しています。量子にとって過去は「履歴」でもあります。精子と卵子が受精して細胞分裂し胎児に成長する過程で海にいたときの魚類から両生類にそして爬虫類の顔になって40日目に人の顔になるそうです。40億年の履歴を40日間で駆け抜けることになります。人間には大脳があり過去の記憶をもち過去にかなり多くの視線が向けられます。これまでは過去に起きた事象、過去のデータを組み立てて理論化してきました。

例えば、「ハイパーインフレーション」は第一次大戦後のドイツの事例が引用されます。巨額の戦費の負担と敗戦による巨額賠償に対して通貨が乱発された特殊な事例です。

あるいは「1970年代のスタグフレーション」の事例を引用します（ニューヨーク大学、ヌリエル・ルービニ教授：プロジェクト・シンジケート、2021年6月30日）。

しかし過去の株価、物価、金利を現状の説明に引用するには、その時の状況と現在の状況との比較検討が欠かせません。人によって見る視点がまちまちです。それぞれの洞察力のいずれが勝っているかは時間の経過（あるいは歴史）が決めてくれます。

変化の激しい国際政治、経済、証券の世界は過去と何が変わって何が変わらないのか、そのへんを取捨選択する洞察力がないと間違いを起こしかねません。2021年のインフレ懸念を1970年代のスタグフレーションと同一視する見方がありますが、1970年代と2021年と何が同じで何が違うのか、両時代における環境の比較分析が必要です。

過去は「痕跡」であり「履歴」ですからＡＩが担当するのにふさわしい領域です。ただし、その意味合いや解釈についてはヒトのサポートが必要になるケースが出てきます。

⑵量子論で現在は「一期一会」

量子論では「出会い」が重要なウエイトを持ちます。ヒトは一つの受精卵には60億塩基の「生命の基本的設計図」があり分裂を繰り返し、60兆個の細胞に達する。それがそれぞれの環境に応じ遺伝子暗号が働き個性が形成されます（『遺伝子からのメッセージ』村上和雄著、朝日文庫、２００７　参照）。

国によって、時代によって、家族によってヒトは皆違います。性格も意見も異なる人たちが同じ時代に81億人以上（２０２４年）います。極論すれば81億以上の世界があるようなものです。その人たちが奇跡的に出会い、様々な関係を結んで家族や社会を営む姿はまさに「一期一会」です。ですからヒトにとっても生物にとっても「出会い」にもっとも比重がかかり大切であることは理解できると思います。

出会いによる「一期一会」はヒトがヒトとして生まれてきた意義そのものです。

⑶未来は「結果」

81億以上の世界が関係を結び、営まれた結果として未来が紡がれます。時間が経過すれば世代が代わり、育つ環境も異なりますから考え方も思考も変わります。世界の今のリーダーたちは時間が経過すれば老齢化しリーダー層の世代交代が起きます。そこでは現在と全く異なる社会・国際政治が営まれるのはごく自然なことです。科学は加速度的に進化しています。思いっきり想像の翼をひろげないと未来の変化に追いつけません。齢をとるほど未来に目が向かず過去に比重をかけて考える傾向が高くなります。子どもの頃、手塚治虫の描いた未来社会をワクワクして読んだものでした。いまはごくありふれた社会になっています。未来に向けてワクワクするのは子供や若者の特権です。

トーマス・S・クーン（1922〜1996）は「パラダイム」を提唱した米国の科学者・哲学者です。彼は1951年にボストンの公開講座に招かれ社会科学者集団と交わる機会を持ちました。そこで自分の疑問を再確認しました。「科学が教科書に集められているような事実、理論、方法の群であるなら、科学者はある要素を加えようと努力している人間にすぎない。そうなると科学の発展とは、科学知識やテクニックの山をだんだん大きく積み上げていく過程でしかない。近年、一部の科学史家は『累積による発展』という科学観に基づいてやっていけないことに気づいた。科学の初期の発展段階ではたいてい、いろいろな自然観の間の競争があって、世界を見る見方の違い、科学のやり方の違いがある。個人的、歴史的偶然に彩られた恣意的要素が、常に一時期における一つの科学者集団の初診の形成要素になっているのである」（『科学革命の構造』トーマス・S・クーン著、中山茂訳、みすず書房、1971：原著1962）。

当時の1951年という時代から考えますと、ニュートン力学と量子力学の葛藤を意味していると思われます。彼は社会科学者のほうが時代の固定観念から解放されて学問しているとの印象を持ったようです。社会科学は科学の進歩に追い付いていないのではないかとのわたしの疑問と真逆であることに驚きました。いまや自然界は「不確実」で「曖昧」な存在であることを思考のベースに置くことが科学的思考の基礎になったようです。未来に向かって新しい世界を切り開いていくのはヒトに相応しい役割です。

「AIとヒトの関係」の結論です。過去の事実に基づく分析や制度管理等についてはAIに任せます。ただしAIの不完全性からヒトのチェックが必要です。今後、AIとヒトが円滑に協業していくならば、産業革命に匹敵するような「社会革命」が達せられ、効率的で生産性の高い社会が姿を現すに違いありません。それは労働時間が大幅に短縮され、趣味やスポーツ、学問・研究に自己実現できる社会ではないでしょうか。

第12章　社会と相補性

――陰陽あいまって太極となる――

1．相容れないもの同士が互いを補いあう世界

ニールス・ボーアは相補性を表すシンボルとして古代中国の陰陽思想（注）を象徴する太極図を好んで用いました。陰と陽という対立する「気」が絡み合い相互作用が行われることで、すべての自然現象や人間活動が決まるとする陰陽思想は量子論の描く世界像と一致します。そしてボーアはデンマーク政府から勲章を受けた際に記念の紋章のデザインに太極図を採用したのです（『図解　量子論がみるみるわかる本』173～175頁参照）。

（注）陰陽思想
・陰が極まれば陽を生み出し、陽が極まれば陰を生み出す（陰と陽は互いに依存している）。
・陰の中にも陽が存在し、陽の中にも必ず陰が存在する。

・陽の方が目立つが、陰の影響力の方が強い。

ボーアは物理学者ですから「量子もつれ」や「不確定性原理」を用いて相補性を説明しており、研究対象である量子を生命現象、あるいは思想・哲学など人間社会を前提にして考えています。

この点はボーアとともに量子力学（波動力学）を確立したエルヴィン・シュレーディンガーも同様に、生命への深い洞察に富んだ名著『生命とは何か』を著しました。

そこでは「生物体の働きには正確な物理法則がいる」（23頁）との節で、「ただ1個の原子あるいは数個の原子がわれわれの感覚に認めうるほどの効果を与えるほど、われわれが敏感な生物であったなら、一体人生はどんなことになったでしょうか！」と問いかけ、「遺伝子」や「突然変異」は古典物理学者では説明できず、量子力学で初めて説明が可能になるとしています。ボーアもシュレーディンガーも量子力学をそれまでの古典物理学の発想と切り離し生命の謎の解明へと踏み出しているので

太極図
太極とは、「易」の生成論において陰陽思想と結合して宇宙の根源として重視された概念です。道教や儒教（宋学・朱子学）に取り入れられました。

す。

しかし物理学者や生物学者の立場からは、遺伝子や突然変異、哲学までが限界であって、量子論が社会や経済とどのように関係してくるのか、あるいは量子コンピュータが社会や経済にどのような影響を与え、私たちの生活がどのように変化していくのかは、社会科学の視点から考察しなければなりません。その意味でも文理融合の教育及び物理学者と社会研究者との密接な意見交換が欠かせません。

２０２２年11月末にＯｐｅｎＡＩ社が「チャットＧＰＴ」を公開して世界に衝撃を与えました。欧米のＡＩ研究者に多い意見ですが、人工知能が人類の知性を追い越すのは何時か（シンギュラリティ）という議論も再燃しています。このように「人類の知性」に対して「人工知能（ＡＩ）」が対立概念として浮上するときに、ボーアのいう「相補性」が重要なキイワードとなります。その考え方は『ニールス・ボーア論文集１　因果性と相補性』（山本義隆編訳、岩波文庫、１９９９）に詳述されていますが、かなり難解です。

そこで佐藤勝彦先生（東京大学名誉教授）の前出『図解　量子論がみるみるわかる本』から引用いたします。

「量子論が示す物質観・自然観の特徴をボーアは相補性という言葉で説明しました。古典物理学では一カ所に存在する『粒』とさまざまな場所に広がっている『波』とは矛盾する概念であると考えます。しかし、量子論はこの二つの概念を同じ電子の中に見出します。ただし電子が粒と波の性格を同時に表すことはありません。私たちが見ていない時は波のようにふるまい、私たちが見た途端に粒として発見されるのです。このように相いれないはずの二つの事物が互いに補い合って一つの事物や世界を形成しているという考え方を相補性と言います。観測する前の電子が『A点にいる状態とB点にいる状態とが重なってい る』のも相補性であり、また不確定性原理が説く『位置を決めると運動量が決まらず、運動量を決めると位置が決まらない』のも相補性です」

因みにボーアの論文から一節を引用します。「人間の知識の他の領域においてもまた、私たちは、相補性の観点によってのみ回避しうるように思われる見かけ上の矛盾に直面しているということを指摘するのは、私には興味深いことです」（前出『ニールス・ボーア論文集1』131頁）。ボーアは「相補性」という言葉で対立概念を否定するのではなく、ただ理論を形成した観測器の相違であって、両方が相まって一つの世界を創るとする、きわめて建設的な概念を量子論に見出しました。

その意味でも人類の叡智とＡＩは対立するものではなく、人類の進歩を支える相補性ととらえられます。

量子の潜在力を課題解決に活用できるはずです。わが国はバブル崩壊後、永い間デフレに悩まされてきました。日本のシステムのなかに溜まった不効率要因が数多く蓄積されています。ＡＩの活用によってそれらを一掃するならば生産性が向上し、すっきりするはずです。一方で国際情勢は次第に不安定化する方向にあり、異常気象も問題です。人間には量子によって醸成されてきた知性があります。また「自然の理法」ともいえる自然界の玄妙な真理の「入り口」に立ったところです。人類の知性とＡＩは相補性の関係にあります。過去の既知の制度・システムは極力ＡＩに任せ、人間の叡智は重大な局面にある課題解決に使われなければならないと考えます。

2．人間社会の相補性の事例

人間社会には、相補性の事例が数多くあります。一見、相反する事例のようでも実は視点を変えると「相補性」になっているケースです。「相補性」の概念を社会科学に適用しますと閉塞していた状況がひらけることがあります。相補性と考えられる事例を示します。

① 天使と悪魔の相補性
② 夫婦でつくる家庭の相補性
③ ライバル同士の相補性
④ 選挙制度：民主主義と領土の相補性
⑤ ヒトの叡智とＡＩの相補性
⑥ 資本主義経済と「プラネット社会」の相補性

①天使と悪魔の相補性

マタイによる福音書2章、「イエスがヘロデ王の時代にユダヤのベツレヘムでお生まれになったとき、東方の博士たちがエルサレムにやって来て言った。『ユダヤ人の王としてお生まれになった方は、どこにおられますか。私たちは東方でその方の星を見たので、拝みに来たのです』。

ヘロデ王が支配していたユダヤ王国はまだ新興の王国で、そこの小さな町ベツレヘムのイエスを讃えるために「東方の三博士」の権威づけが必要でした。当時、宗教的な権威を誇っていたのは古代ペルシャのゾロアスター教です。開祖ザラスシュトラがアフラ・マズダーを唯一神と唱える一神教です。アフラ・マズダーの名は「智恵ある神」を意味し、善と悪とを峻別する正義と法の神であり、最高神は太陽神ともされる。この世界の歴史は、善神スプンタ・マンユと悪神アンラ・マンユらとの戦いの歴史そのものであるとされます。そして、世界終末の日に最後の審判を下し、善なるものと悪しきものを再び分離するのがアフラ・マズダーの役目で、善悪の対立を超越して両者を裁く絶対の存在とされます。

古代ペルシャのその時代および地理的関係からインドの仏教に影響を与えました。さらには世界宗教となった一神教のユダヤ教、キリスト教、イスラム教の教義などに大きな影響を与えたのです。

「善悪二元論」「天国と地獄」「天使と悪魔」「最後の審判」などの教義は三大宗教に共通したものがあります。この世の中は、善悪二元の中に存在し、最後は救済されるという思想は、「陰と陽が合一して世界を形成する」という相補性そのものです。

②夫婦でつくる家庭の相補性

男性であるわたしにとって女性は永遠に謎の存在です。女性にとって男性はどうでしょうか。案外、男性は扱いやすい存在だと思っているかもしれません。「男性が頭で考えるのに対して、女性は子宮で考える」と言う人がいます。理性と情緒の違いということでしょうか。

老後、夫が亡くなると妻は生き生きと余生を過ごすのに対して、妻に先立たれた夫は1年そこそこで妻の後を追うことが多い、と聞きます。男は妻に依存的であるのか、あるいは淋しがり屋なのかもしれません。もちろん統計的な話で、ケースバイケースなのでしょう。

結婚式でよく「ベター・ハーフ」と言われます。わたしの個人的な感じでは妻は「ベター・スリークォーターズ（4分の3）」であって、わたし独りではとても生き抜くことはできそうもありません。退職後に感じますのは、わたしが無趣味でせいぜい「歩く会」「講演会」「俳句や連句」で時間をつぶしているのに対して、妻は、ペットや花を慈しみ、ミステリー、写真、スポーツ観戦など、わたしの知らない世界を楽しんでいます。同じ家庭の中で生活していますので、妻の世界がわたしの生活の中に溶け込んできます。結婚することは世界が広がることなのかと感じます。夫婦の関係はまちまちですから、同じ趣味を楽しむ夫婦、別々の世界に住みながら空気のような夫婦もいるかもしれません。世界的に有名な悪妻はソクラテスの妻クサンティッペでしょう。ソクラテスは「ぜひ結婚しなさい。良い妻を持てば幸せになれる。悪い妻を持てば私のように哲学者になれる」と言ったと伝えられています。夫婦のありようはいろいろです。

ところで夫婦を「受精」の面から見てみましょう。

「私どもの身体は、父親から1ゲノム、母親から1ゲノムの計2ゲノム有する受精卵からスタートします。したがって、受精卵は約60億塩基（30億塩基のペア）の遺伝子暗号を有します。この受精卵が分裂を繰り返して、次第に特別の機能を持つ細胞に分化していき、頭から手足までの器官を形成していきます。体重60キログラムの人でその細胞は約60兆という数に達します。これら60兆もの細胞の、一つ一つに細胞の中の遺伝子暗号は、受精卵と全く同じ遺伝子暗号を有するのに、心臓、肺……などで、全く異なった働きをすることができるのは、実に不思議です。それはゲノムにある約10万種類の遺伝子のスイッチを、精密にコントロールする仕組みそのものがゲノムの中に内蔵されているからです」（前出『遺伝子からのメッセージ』）

受精のとき、父親と母親はわずか1ゲノムずつ出し合って、60兆個の細胞をもつ人体を作り上げます。

無から一気に広大な宇宙へと広がった「インフレーション宇宙論」を思い出します。「小さく生んで大きく広がる」このスタイルは「受精」につながります。インフレーション宇宙論の遺伝子が「受精」に表れたのではないかとふと感じます。

③ライバル同士の相補性

量子の特性は「粒子と波の二重性」です。量子のまわりに何もないときは、ふわふわと姿が判然としない確率的な存在です。周囲の変化があると姿を現します。重要なのは、独りでいるときは何物でもなく、他の存在があってはじめて重大な変化が引き起こされることです。生命は無数の量子の塊であって「生き残りを賭けた変化」と考えられます。①項でご説明した「天使と悪魔の相補性」でも、天使だけが存在した状態では天使の存在自体が曖昧模糊としたものになってしまいます。天使という存在が明らかになるためには相対立する悪魔という存在が必要なのです。光が強くなれば影もまた強くなります。それがこの世界です。光だけが輝く世界は彼岸です。臨死体験では多くの人が「安らぎに満ちた気持ちよさ（60％）」「光を見る（16％）」「光の世界に入る（10％）」と語ります（『臨死体験』立花隆著、文藝春秋、1994参照）。

ⅰ．スポーツの世界

もし、ライバルが存在しないときは、自己を律するための規律が必要です。自分で自分を律することはなかなか難しく、目に見えるライバルは有難い存在です。

2023年9〜10月に杭州で開催された第19回アジア競技大会の卓球女子シングルスの決勝戦で日本の早田ひな選手は中国の孫穎莎（スン・インシャ）選手に1－4で敗れました。試合後の記者会見で、孫選手は「早田ひな選手はとても優秀な選手で、私たちは何度も対戦しています。彼女は毎回自分の限界を突破して、技術面でも大きく進歩しています。お互いに成長を促し合えればと思っています」（Record China 2023.10.2）とコメントしました。

スポーツの世界に限らず、学問や芸術の世界でも目に見えるライバルは切磋琢磨する具体的な目標として有難い存在であって、ライバルであると同時に同志であり、手を携えて高みに上っていくことができるのです。

ⅱ．政治の世界

国際政治の世界で民主主義が後退していると言われています。第二次大戦で、米国の地位は圧倒的なものとなりました。その力は戦後70年経過するうちに地位が低下して、米国自身（当時オバマ大統領）が「米国は世界の警察官ではない」（「ダイヤモンド・オンライン」2015年8月5日）と宣言しています。新興国が力をつけてきたこともあります。国際政治の間隙をついて中国が台頭し、中露で専制国家をまとめる動きが顕著になってきました。新興国は治安維持が難しく、多くは専制政治をとらざるを得ない事情があります。中国は他の国家の体制が人権無視であるかどうか民主的かどうか、にお構いなく、専制国家を集合して自らの勢力圏を拡大することに関心を抱いています。中国は共産主義政権の確立と過去の屈辱の歴史清算のため共産党を主体とした「中華民族の偉大な復興」を目指すと述べています。そのための戦狼外交を戦略的に展開しています。新興国のトップを籠絡することは容易であることもあって戦略はかなり進捗していると推測されます。ただ今後は習近平の一強体制を背景に「マルクス・レーニン主義」の政治的な理想を主とし、経済を従とする戦略が厳しい状況に立ち至っていること、中国が生産年齢人口の減少と少子高齢化に向かっているのに対してインドが新たなプレイヤーとして力を増してきました。インドは果たして専制国家を抑止する側かどうか明確ではありません。ただ中露中心の流れを変化させそうです。気候変動のリスク管理に向けて国際政治に相補的に機能してくれるよう願うばかりです。

④選挙制度：民主主義と領土の相補性

いわゆる「1票の格差」を是正するため、2022年12月28日、衆議院の小選挙区の数を「10増10減」にする改正公職選挙法が施行されました。これによって小選挙区は東京・神奈川・埼玉・千葉・愛知の5つの都県で10増える一方、宮城・新潟など10の県でいずれも１つ減ります。

憲法14条1項で「法の下の平等」を定めています。ところが衆議院選挙では「１票の格差」が問題となり、最高裁で選挙の有効性が問われてきました。２０２２年8月28日、衆議院小選挙区の数を「10増10減」とする改正公職選挙法が成立しました。この区割りを２０２０年の国勢調査をもとに試算しますと、最大２・０９６倍から１・９９９倍に改善されます。また２０１６年には鳥取県と島根県、および徳島県と高知県が合区となりました。「法の下の平等」と投票価値の平等が果たして同じかどうかは疑問であると考えます。１票の格差を解消する努力は当然として、１票（２票未満）を守るために合区を導入したのは行き過ぎではないでしょうか。行政は都道府県単位で行われています。それぞれの国土は有権者の基盤を支える基本です。民主主義と領土は異なる概念でありながら生活基盤として切り離されるものではありません。人口密度の高い都道府県に議員が集中すると地方の過疎化の進行を早めます。国土は、農業、鉱業、林業、漁業、製造業、サービス業の基盤であり、また観光、歴史の資産があります。都道府県それぞれの特性を活かすことで国全体の豊かさを高めることにつながるのではないでしょうか。民主主義あるいは「法の下の平等」といった一元的な物差しではなく、有権者と国土の双方のバランスに配慮した「量子の相補性」の視点が必要と考えます。

ところで『ザ・フェデラリスト』（A・ハミルトン／J・ジェイ／J・マディソン著、斎藤眞／中野勝郎訳、岩波文庫、1999）は、連邦憲法案の批准を確保するために執筆された論文集で、米国の政治思想史で第一級の古典とされています。

「本書は1787年起草された連邦憲法案を擁護し、その反対論を論駁し、世論に訴えて憲法案の承認案を確保しようという具体的、直接的目的をもって執筆されたもので、新聞紙上に次々に発表された全85編の論文集です」（「訳者まえがき」より）

〈第62編　上院の構成：マディソン（ハミルトンも筆を加えた可能性あり）〉より抜粋

憲法の一部を上院議員について検討される項目は次の通りです。

Ⅰ　上院議員の資格：負わされた責務によってより広い見聞と安定した人格を必要とする。

Ⅱ　州立法部による上院議員の任命：選り抜きの人物に任命を促し、連邦政府の形成において州政府の権威を確保し、州政府と連邦政府との便利な連絡役となる代理人を州政府に与えるという二つの利点をもっていた。

Ⅲ　上院における平等な代表：大邦と小邦との対立する意見のあいだの妥協の結果であ

る。理論はいろいろあるが、「理論の結果ではなく『友好の精神、および、我々の特異な政治的情勢には欠かせない相互の尊重と譲歩の』結果であると広く認められている憲法の一部を理論の基準で裁断しても無駄である。

上院の役割については、当時、英帝国から分離したのは13それぞれの植民地であり、それぞれが「自由にして独立の国家」となった事情があり、対外的にも一つのアメリカとしてまとまらなければならなかった。そうした雰囲気が伝わる「上院」の位置づけです。必ずしも「国土」に一票を与えるとの趣旨ではありませんが、結果として大小邦にかかわらず平等に位置づけることで、上院と下院、国土と人口とのバランスが機能してきたと推測されます。

相補性の視点からも米国の「上院」の位置づけは参考になるのではないでしょうか。

⑤ヒトの叡智とＡＩの相補性

ヒトを形成しているのは「量子」です。量子力学を作り上げた天才たちは、量子と生命を一体として研究してきました。わたしも量子と人間との共通点に魅せられて「ヒトとは何か」を探る旅を続けてきました。わたしは理系の素養に乏しい文系人間です。そこで素粒子物理学の諸先生の知見に頼りながらの物語(ナラティブ)であることをお断りさせていただきます。当然ながら難解な記述も多く、理解を超えるところも多々ありました。

本書は、機関投資家の運用理論が「説明のためにする理論」ではないかと疑問に思ったことからスタートしています。退職後、多くの専門家の知見に接する機会がありました。資金運用を職務としない自由な立場の方にとっては、そうした懸念は杞憂かもしれません。ここで強調したいことは量子論に基づく理論構築は、ヒトを特徴づける性質に着眼した科学的なアプローチではないかということです。現在の日本の社会を構成する制度システム、物の考え方は、過去データや事象の分析にかなりのエネルギーを割いてきました。

ところがチャットGPTの登場によって、そうした過去のデータや事象の多くは、「チャットGPT」「生成AI」に置き換わりつつあります。生成AI向けに半導体を提供するエヌビディアという会社の業績も株価を大幅に伸長させました。これからも社会の中にあった不効率な部分がエヌビディアをはじめとする生成AIに代替され生産性を高めることを意味します。産業革命ならぬ社会革命です。企業の生産性向上の事例が日々新聞報道されています。報酬の高いホワイトカラーの仕事、弁護士・会計士・税理士などや教育界、IT業界、マスコミには変革の波が押し寄せています。もし対応を怠るならば安楽死の道を辿り、社会という舞台から退場させられてしまいます。今は生成AI向けの半導体が脚光を浴びていますが、社会の生産性向上は様々な業種や分野に及ぶ広範なものです。その効果として、物価も金利も安定化の方向に向かうと考えます。様々の会社の体質が改善されていきますから、株式市況は新高値を抜いたところですが、社会改革を反映して新たな水準を模索する動きに入ると楽観的に見ています。

これまでヒトは過去にかなりのエネルギーを向けてきました。生成ＡＩが大部分を引き受けてくれるのです。個人的な体験としても初めて耳にする病気に罹ったとき、生成ＡＩを利用しそこから添付されているリンクを閲覧し、さらに質問を重ねていくことで最新のレベルの医学知識が情報として入手できます。それを前提にどのように病気に向き合うのかを決めることができます。これまでは医学の知識は医師が独占してきました。患者はそれを拝聴するだけで、医者と患者の関係の非対称性は王様と奴隷のような感がありましたが、ＡＩによってそれが大きく変わろうとしています。

こうした事例は社会のいろいろな分野で起こるのではないでしょうか。ヒトの着想やアイデアが決定的に重要であって、ＡＩがそれを受け止めてくれる存在となりました。ただし現在のＡＩには、ヒトが補完しなければならない部分があります。ＡＩのレベルはこれからも急速に向上するはずです。ヒトとＡＩの相互作用による生産性向上は一つの時代を画すようにしています。いま最先端のＡＩ向け半導体は２nm（ナノは10億分の１ｍ）です。原子より少し大きめです。一方、量子力学は生命の科学でありヒトの科学です。つまりＡＩは古典物理学に属し、ヒトは量子力学に属していて、両者の立ち位置の違いは歴然としています。

これだけ両者の格差が大きいにもかかわらず「いつかＡＩが人類を攻撃するのではないか」といったＡＩを畏怖する見方があります。両者は意識をもてないＡＩと意識を持つヒトとの差でもあって、意識を持てないＡＩはあくまでもヒトの道具にすぎません。その意味でもヒトとＡＩは相補性の関係にあります。問題は「ヒト対ヒト」の争いのなかでＡＩを高度な兵器として使用した時に、人類を破滅に導く事態が起こりえることです。そうした紛争をおさえこみ国際協調を高めていくことは、現在の国益優先の国際情勢の中にあっては難度の高い課題です。

歴史学者ユヴァル・ノア・ハラリによれば、「これまでの人類の築いてきた文明のオペレーティングシステム（ＯＳ）は言語だった。言語により神話や法律をつくり文明を築いてきた。そのＯＳをハックしたのがチャットＧＰＴだ。これは文明史上最も深刻な変節点といえる」「人間は主体性を喪失する」「過度の依存は、人間が主体的にＡＩをコントロールする能力を失う」「規制なき活用が進めば、民主主義は独裁主義に敗北するだろう」（ソロスも同じ見解）。「民主主義の本質はオープンな対話だ。対話は言語に依存する。ＡＩが言語をハックすれば、意味のあるオープンな対話を行う能力は破壊され、民主主義そのものも破壊される」「対話の相手がＡＩか人間が判らないとすると、それは意味のあるオープンな対話の終焉だ」「ＡＩボットと話す時間が長ければ、ＡＩは我々について深く知るようになり、政治・経済的な見解を変えさせる効果的な方法を理解するようになる」（『週刊東洋経済』２０２３年7月29日号）と記述しています。

西欧のＡＩ研究者には、あたかもＡＩが自己意識をもって人類の知性を上回る「シンギュラリティ」がやってくると信じている人が多いようです。対して、日本人は仏教思想にあるような多元的な思考のなかに創造性を汲み上げようとする傾向があります（例えば湯川博士）。一方、西欧の科学者は直線的に真理にアプローチしようとする傾向があって、そのへんの違いがＡＩの評価に出てくるのかもしれません。また叙事詩的なＳＦ映画として評判の高かった『２００１年宇宙の旅』（１９６８）に人工知能をもつコンピュータＨＡＬ９０００が登場しますが、そうした物語や『ターミネーター』（１９８４）、『マトリックス』（１９９９）など次々に上映されるＡＩ関連の映画も肯定的に鑑賞・影響されているのではないでしょうか。

これまでの「量子をめぐる旅路」で見てきたようにＡＩが「意識」をもち、人類を支配するに至るとは考えられません。これまでチャットＧＰＴを使ってみた感触では、インターネットによる情報空間の限界、著作権問題による制約、玉石混交の「リンク」を羅列する、などまだまだです。ただ秘書が一人手元にいる便利さがあります。翻訳やプログラミングはたいへん使い勝手が良いとの評価があるようです。

ＡＩは高速処理が得意ですから日進月歩で進化していくでしょう。しかしいつまでたってもＡＩが「意識」を獲得するのは無理だと考えます。身体経験ができないのもマイナスです。多様な考え方を獲得しなければ環境変化に対応できず滅びることもあり得ます。問題は高機能化したＡＩを誰が使うか、です。核兵器と同じレベルの問題です。

⑥資本主義経済と「プラネット社会」の相補性

これまでは地球の限界を考慮することなしに経済を営むことができました。これからは地球の限界を意識しないと人類が住めない地球になってしまいます。ここでは「地球の限界」を考慮する社会を「プラネット社会」と命名しました。その制約が地球に人工物が堆積したせいかもしれません。あるいは一部の学者が言うように地軸の変動サイクルによる影響もあるかもしれません。今起きていることは、あまりに急激で連鎖的な現象が進行していることです。犯人捜しをするのではなく、地球の限界値を超えないように手を尽くすときに来ています。

このテーマを次章で考察いたします。

第13章　資本主義経済から「プラネット社会」へ

――「量子論（相補性）」は地球を救う――

1.「相補性」は思考の枠をひろげる

1900年、ニュートン力学から量子力学に思考の枠組みが変わりました。パラダイムシフトです。しかし、ニュートン力学から量子力学に移行したのではありません。原子より大きい世界の物理学はニュートン力学の原理が適用されるけれども、量子以下の世界は量子力学の物理法則が適用されるのであって、両者は併せて一つの世界を形成する「相補性」の関係にあります。つまり物理学の世界が物質から生命の世界へ広がり、社会科学の世界につながってきたのです。

地球の限界を意識しないで経済を営むことができたときは資本主義による「経済成長」を追求することができました。しかし半世紀前から地球の限界にぶつかり経済成長が問題視されてきましたが、そのあとも世界の経済規模は3倍にも膨らんできました。いまさまざまな異常気象現象が進行しています。アフリカからヨーロッパへの難民はこれまで紛争難民でしたが最近では干ばつなどによる食料難民が増えてきました。

これまでの考え方を総点検しなくてはなりません。経済的要因以外のすべてを含めた総点検です。異常気象、生態系のバランスを崩していること全てが対象になります。これまで「地球の限界」の関連で検討されていたのは、農業、漁業、鉱業、工業活動、都市化、原生林破壊、海洋汚染などの視点であって、戦争、紛争などは考察の埒外に置かれてきました。いまは、ウクライナ紛争、パレスチナ紛争をはじめ、世界には多くの紛争が頻発しています。ミサイル攻撃は大量の二酸化炭素を排出し環境を破壊するにもかかわらず対象外にあって議論されませんでした。サステイナブルな地球を問題にするのであれば戦争、ロケット発射等を含めて検討していく必要があります。ヒトと自然界の調和を図り、健康的で住みやすい地球を維持していかなければなりません。その意味でも資本主義経済とプラネット社会は相補性の関係にあるとすることで思考の枠組みが大きく広がってきます。

2. 経済活動の限界

経済活動が生態系を破壊するという警告は、いまに始まったことではありません。海洋生物学者レイチェル・カーソンは『沈黙の春』（青樹簗一訳、新潮文庫、1974、原著1962）で殺虫剤や農薬の危険性を指摘し、その行きつく先は破滅が待っていると警告しました。民間シンクタンク「ローマクラブ」は1972年に、『成長の限界』(The Limits to Growth) と題したレポートで、人類の未来に警鐘を鳴らしました。20世紀後半から人類の未来に警鐘が鳴らされ続けてきました。私たちはどう対応してきたのでしょうか。

まず経済規模がどのように推移してきたのかを辿ってみます。

世界の名目GDPは1950年／25兆ドル、1970年／34兆ドル、2000年／61兆ドル、2020年／78兆ドルへと増加しました。70年間で約3倍です。名目値はインフレ調整されていません。本来は実質値で実物経済の変化を示す必要がありますが傾向はご理解頂けると思います。ご参考まで左記は米国の実質GDPです。

１９８０年／６・７兆ドル、２０００年／13・２兆ドル、２０２０年／18・５兆ドルでした。40年で２・８倍でした。

世界の人口でみますと、１９８０年／40億人、２０００年／61億人、２０２０年／78億人でした。国連のプレスリリース（２０１９年）では２０５０年に97億人を見込んでいます。

70年前に悲鳴を上げていた地球は、その後も、人口・経済ともに３倍前後も膨張しました。それを支える地球の面積が増えるはずがありません。むしろ異常気象による干ばつ、洪水、森林火災などで耕作地は減少しています。一方では森林が農地に変えられ、大量の農薬の使用で飛ぶ昆虫が急減しています。「昆虫がいなくなったらすべてが崩壊する。昆虫は植物の受粉と繁殖に欠かせないだけでなく、有機廃棄物を分解して土に変えている。他の数千種の生物の食糧にもなっている。……（昆虫は）生命の網の重要な節なのだ」「生命の木の大部分が失われ、そのような損失は、『人類が依存する重要な生態系サービスの衰退につながる』」（『資本主義の次に来る世界』ジェイソン・ヒッケル著、野中香方子訳、東洋経済新報社、２０２３）

つまり人類が自然を貪り続けているうちに、自然はすっかりやせ細ってしまったのです。

第二次大戦後、人口やGDPなどの「社会経済システムの指標」と、二酸化炭素濃度、成層圏オゾン層破壊、生物絶滅種の増加などの「地球システムの指標」が急増している現象を「大加速（Great Acceleration）」と言います。これが気候に関するパリ協定の目標1・5℃を超える主要な要因であることは間違いありません。しかし経済と気候の相関関係についてはは他の要因が隠されているように思います（後述）。それを分析したうえで新たな施策を講じるのが効果的ではないかと考えます。

3．21世紀の新たな警鐘

(1)『人新世の「資本論」』による警鐘

2023年は異常気象が連日のように報道され、私たちの危機意識を高めました。カナダの森林火災の煙がニューヨークの空を焼け焦がしている情景は地獄絵図そのものでした。スペイン、ギリシャ、ハワイと大規模な森林火災が起き、この地球は一体どうなっているのかという恐怖がありました。熱帯雨林は地球の肺ともいわれ二酸化炭素を吸収しています。森林火災が起きると温暖化が一段と高まり、負の連鎖を招きます。自然界のなかに人間が作り出した二酸化炭素やプラスチック廃棄物が目に見えて増えてきました。こうした現象に「人新世」（じんしんせい、ひとしんせい）という言葉が使われています。

「人新世」とは、「人類が地球の地質や生態系に与えた影響に注目して提案されている地質時代における現代を含む区分である。人新世の特徴は、地球温暖化などの気候変動（気候危機）、大量絶滅による生物多様性の喪失、人工物質の増大、化石燃料の燃焼や核実験による堆積物の変化などがあり、人類の活動が原因とされる。ノーベル化学賞を受賞した故パウル・クルッツェンらが２０００年ごろに提唱し、２００９年に国際地質科学連合で人新世作業部会が設置された」（https://ja.wikipedia.org/wiki/人新世）（注）。

（注）国際学会「国際地質科学連合（ＩＵＧＳ）」は、20世紀半ばからの地質学上の時代区分を、人類活動が地球環境に大きな影響を及ぼす「人新世」とする案を正式に否決した。15年間に及ぶ議論に幕が下りた（『日本経済新聞』２０２４年４月16日付）。

「人新世」は、『人新世の「資本論」』（斎藤幸平著、集英社新書、２０２０）が出版されてから一気に浸透してきた印象があります。

いまさら「資本論」とは、と思われた方もいらっしゃるかもしれません。同書を引用させていただきます。

「マルクスは、人々が生産手段だけではなく地球をも〈コモン〉(common)として管理する社会を、コミュニズム(communism)として、構想していた」(142～143頁)

「近年MEGAと呼ばれる新しい『マルクス・エンゲルス全集』(Marx-Engels-Gesamtausgabe)の刊行が進んでいるのだ。日本人の私を含め、世界各国の研究者たちが参加する、国際的全集プロジェクトである。規模も桁違いで、最終的には一〇〇巻を超えることになる。一方、現在日本語で手に入る『マルクス＝エンゲルス全集』(大月書店)は、本当の意味での『全集』ではない。大月書店版に収録されなかった『資本論』の草稿やマルクスの書いた新聞記事、手紙などは膨大にある。大月書店版は、正しくは、『著作集』である」(147～148頁)

「そして、MEGAによって可能になるのが、一般のイメージとはまったく異なる、新しい『資本論』解釈である。……それが現代の気候危機に立ち向かうための新しい武器になるのだ」(149頁)

「近代化による経済成長は、豊かな成長を約束していたはずだった。ところが、『人新世』の環境危機によって明らかになりつつあるのは、皮肉なことに、まさに経済成長が、

人類の繁栄の基盤を切り崩しつつあるという事実である」（はじめに）
「正しい方向を突き止めるためには、気候危機の原因にまでさかのぼる必要がある。その原因の鍵を握るのが、資本主義にほかならない」（はじめに）

⑵「プラネタリーバウンダリー」（地球の限界）

スウェーデンのヨハン・ロックストローム博士らが、地球の限界の範囲となる九つの要素を分析し、２００９年に「プラネタリーバウンダリー」と呼ぶことを提唱しました（https://www.asahi.com/sdgs/article/15097659　参照）。

プラネタリーバウンダリーに設定されている、地球の限界の範囲を判断する9項目は以下のとおりです。

なお「気候変動」「生物圏の健全さ」「生物地球化学的循環」「淡水利用」「土地利用変化」「新規化学物質」の6項目（✓）は、現在すでに限界を超えている状態です。

9項目	内容
✓気候変動	大気中の二酸化炭素（CO2）濃度の増加によって地球温暖化が進む

成層圏オゾン層の破壊	生物を紫外線から守る成層圏オゾンが、フロンなど化学物質により破壊される
海洋酸性化	大気中のCO_2が海洋に溶解して海水が酸性化し、生物に悪影響を与える
✓生物圏の健全さ	原生林の破壊などによって、生物多様性や生態系のバランスが失われる
✓生物地球化学的循環	農地での肥料の過剰使用などによって、窒素やリンが環境中に多量に流出する
✓淡水利用	地下水や湖沼などの淡水資源が農業・工業活動のため多量に使用されて枯渇する
✓土地利用変化	農地や都市の拡大のため自然の生態系とその回復力が失われる
✓新規化学物質	プラスチック・農薬などの化学物質や放射性物質が環境中に広がり、悪影響を及ぼす
大気エアロゾルによる負荷	工業活動や火災から放出されたエアロゾルが健康被害などを引き起こす

気候変動に関する議論では、人為的な活動のせいで、地球が次第に不可逆性を伴うような大規模な変化を伴う転換点（tipping point）に達しつつあるとされています。因みに、ティッピング・ポイントは、小さな撹乱要因により、システムの状態が質的に変わってしまう閾値とも定義されます（https://www.jircas.go.jp/ja/program/proc/blog/20210823　参照）。

・アマゾンの森林破壊：アマゾンの森林は「地球の肺」ともいわれ、大量の二酸化炭素を吸収し、酸素を放出する重要な役割を果たしています。しかし、過度の伐採や焼き畑農業により、森林が失われると、その機能は失われ、大量の二酸化炭素を大気中に放出されることになります。

・北極圏の永久凍土融解：二酸化炭素だけではなく、二酸化炭素の30倍の温室効果があるメタンの大量発生を起こしかねません。

・グリーンランドおよび南極の氷床の不安定化：グリーンランドでは氷の融解によって日射を吸収しやすくなり表面温度が上がり、融解をさらに促進するフィードバックが起こりやすい。

このほかにもサンゴ礁の死滅（白化）、北大西洋の海洋深層大循環の停止などの現象が進行しています。

このような理由から、「現在の状況下では、地球という惑星は緊急事態にある」（『Earth for all　万人のための地球』18頁）と断言する。
50年前の『沈黙の春』とローマクラブの『成長の限界』で警鐘が鳴らされたにもかかわらず、70年間に人口も世界のＧＤＰも3倍近くも増加してきました。一方、それを支える地球は干ばつ、洪水、森林火災、戦争による破壊などによって、人類が依存する地球は1倍のままにあるのではなく、0・9倍とか1倍以下に縮小しています。

そのような状態にあって、資本主義など経済のあり方を問うとか、チェック項目を掲げて管理・点検するのでは何も変わらない可能性が高く、地球（プラネット）が傷んでいくのを座視しているだけになりそうです。地球の限界を持続可能な範囲に戻す方向で、より積極的に「地球と共生できる社会」の構築を考えていく必要があります。

２０２３年、世界の気候現象はまことに異常続きでした。ＥＵの気象情報機関「コペルニクス気候変動サービス」は、２０２３年の世界の平均気温が産業革命前に比べて1・48℃上昇し、観測史上最高を記録したと発表しました。専門家が懸念しているのは、1・5℃以上の温暖化が長期的に続く状況です。そうなれば、地球上の多くの生態系にとって、順応するのが難しくなり、人間が生存できる限界に近づく可能性があります。

(3)『Earth for All　万人のための地球』ローマクラブ・新レポート（『成長の限界』から50年）

世界的シンクタンクであるローマクラブが報告書『成長の限界』を発表してから50年目にあたる２０２２年に、『Earth for All　万人のための地球』（S・ディクソン＝デクレーブほか著、武内和彦監訳、ローマクラブ日本監修、森秀行／高橋康夫訳、丸善出版、２０２２）が出版されました。

「成長の限界」は、「人口増加、出生率、死亡率、工業生産高、食料、汚染」に関するコンピュータモデルで「現状成り行き：ＢａＵ（Business as Usual）、ＢａＵ２、包括的技術革新（ＣＴ）」に加え、「物質消費の増大から、健康や教育への投資、汚染の削減、資源の効率的利用などへと優先順位をシフトすることで、世界を安定化させる」第４のシナリオ（ＳＷ）がありました。ところが１９７２年当時は、マスコミ・知識人たちは「崩壊シナリオ」に焦点を当てていました。当時の委員の一人であるオランダの研究者ガヤ・ヘリントンは４つのシナリオを過去40年のデータで確認したところ、最初の３つのシナリオが最も正確に実際のデータに追随していることを見出しました。モデルと現実の密接な一致は、警鐘を鳴らすべきであることと、さらに重要なことは第４のシナリオの道が残されていることです。

直ちに抜本的な行動をとるならば、人類の福祉を幅広く向上させる道は残されています。そのためには今すぐ「1．貧困の解消、2．重大な不平等への対処、3．女性のエンパワメント、4．人と生態系にとって健全な食料システムの実現、5．クリーンエネルギーへの移行を実行に移すこと」（『Earth for all　万人のための地球』183頁）を提唱しています。

4．何が地球の制約を招いたのか

(1)成長を追い求める資本主義が原因か

①資本主義が地球の制約を招いたとする説

前述した『人新世の「資本論」』は、責めは資本主義にあるとします。ジェイソン・ヒッケルもその流れを汲んでいます。ジェイソン・ヒッケルの説く「資本主義は使用価値ではなく交換価値を求める経済システムなので、成長に歯止めがかからない」との主張も理解できます。

現在の資本主義はかなり変形しています。商品の設計と販売を担当する企業の利潤率が高く（唇の両端）、製造を担当する企業（唇の真中）の収益が少なく、いわゆる「スマイルカーブ」によって、「ＧＡＦＡ」などのプラットフォーム企業が利益を独占する結果、貧富の格差は拡大しています。

グローバルサウスはまだ経済のレベルが低いため、資本主義がもたらす弊害はあるものの、一定の規制を設け限定的に資本主義をグローバルサウスには認めざるを得ません。これまで世界経済の成長性を高めてきた大きな要因の一つであった中国は経済成長が鈍化してきました。「住宅は住むためのものだ」と言う習近平の言葉に表れているように資本主義的な経済浮揚策を認めないことが成長鈍化の一因に違いありません。一方で、資本主義は「すでに終わった」との見方があります。またどのような経済であろうと人口増は富裕層以上に資源を費消いたします。

②「資本主義は終わった」のではないか?

これからの経済運営は資本の理念を中心とする企業の機能は制約されます。政府や教育界、官界が経済活動のパートナーとなり重要な役割を担わざるを得ません。資本主義は本来、企業が主役の経済システムですから、それはもはや資本主義とは呼べません（拙著『量子論でみる社会と経済』156頁参照）。

同書でわたしは、一つの思考実験として「資本主義は終わり、政府と企業が協働する

『ハイブリッド経済』に移行する」と述べました。特に欧州では「経済学者の間で資本主義が終わることについて異論はなく、どう終わるかに意見のちがいがある」そうです（『資本主義はどう終わるのか』ヴォルフガング・シュトレーク著、村澤真保呂／信友建志訳、河出書房新社、2017 参照）。

③なぜ資本主義は終わったのか

資本主義が終わりを迎えた理由はいくつかあります。

第一に、フロンティアが消滅したことがあります。フロンティアと言えば聞こえがいいのですが、産業革命当時の女性・子供たちからの労働搾取、奴隷貿易、植民地からの搾取、先住民からの略奪、森林伐採など自然資源の搾取、など負の歴史を積み重ねてきました。そうした行為への批判が強まり、人権回復の視点と気候変動による災害が顕著になり人間・自然を資源として搾取する経済が認められなくなりました。また第二次大戦後の「大量消費・大量生産の経済」は米国に始まり、日本・ドイツにシフトし、アジアの4頭の虎（台湾、韓国、シンガポール、香港）に広がり、中国などの新興国へ、そしていまは中国経済が陰りを見せはじめました。巨額の国際資本投資を受け入れる先はきわめて限定的になりました。もはや資本主義が求めるフロンティアはほとんど姿を消してしまいました。今後は中東、アフリカに資本が向かっていますが、国際資本を受けいれる器としては限定的であって、かつ最終段階となりそうです。そのことは国連の人口予測で2050年が世界人口のピークになるとの予測に表れています。

ただし『資本主義の次に来る世界』（野中香方子訳、東洋経済新報社、2023）の著者ジェイソン・ヒッケル（注）はエスワティニ（旧スワジランド）出身であり、『Earth for All　万人のための地球』の序文を書いたエリザベス・ワトゥティはケニアの環境活動家です。今の資本主義の悪弊の中で現実に奮闘している方々がいることに気づかされます。私たちは一刻も早く量子コンピュータなど先端技術の開発で、新興国にも生産性の恩恵がいきわたるように努めなければなりません。それには今の分断された国益中心の世界では無理で、一体感のある国際社会の醸成は、残念ながら次の世代に期待せざるを得ません。

（注）ジェイソン・ヒッケル（1982～）経済人類学者。英国王立芸術家協会のフェロー。

第二に、資本の投資対象が次第に「無資産化」してきたことがあります。大戦後、1990年代までは、鉄鋼や造船などの重化学工業などの物資を中心とした経済成長で、いわゆる「重厚長大」の時代でした。1970年から1980年代にかけて石油などの資源国の反乱で原料価格が高騰し、米国、日本などの先進国の製造業は利益を享受できなくなりました。１９９０年代からインターネットが商用化され、２０００年代は次第に、デジタル化、ＡＩ化、データ化、サイバー化、と投資は「無資産化」の方向を辿ります。付加価値が増加していきますので企業の利益は増加します。企業間でもＧＡＦＡＭ（グーグル、アップル、フェイスブック、アマゾン、マイクロソフト）などは、個人や企業の参加者が増えるほど価値があがり利潤が増殖します。一方で、そうしたプラットフォームビジネスを利用せざるを得ない企業の利潤は薄くなり、企業間の格差が拡大する方向にあります。「所得＝消費＋投資」です。総所得が上昇傾向にある中で、多くの企業の利潤が出にくくなれば賃金は「ゼロ±の世界」です。労働者の賃金がそうであれば、消費者の支出（消費）もそれに連動します。見方を変えれば、資本主義経済のトップクラス企業が独り勝ちしたことが、自分たちの商品の販売先を細らせ、自らに跳ね返ってきています。これを加速しているのが、企業が国家を離れて多国籍化したことです。企業は各国のインフラを利用しながら、税金はタックスヘイブンを利用することで利益を還元しません。資本主義が自らの権力を過剰に行使することは自らに刃を向けることにもなるのです。

投資はこれからも「無資産化」がつづき、投資額は減少しつづけます。特に量子コンピュータの技術が進化した暁には投資額は限りなくゼロに近づくはずです。

コロナ禍が始まったころから、ウクライナ紛争、中東の紛争、サプライチェーンの混乱、グローバリゼーションの退行、など多くのインフレ要因が出そろいました。それでも米国の10年国債の利回りは4％台にとどまっています。日本は2024年にマイナス金利は解除されたものの、物価を上回る賃金ができるかどうかを見守っている状態です。インフレ要因がこの程度にとどまる限りは1980年代のインフレ、高金利再燃を心配する必要はないはずです。

ただし、今後も異常気象が亢進、生態系のバランスが食料生産に影響するならば、インフレというよりは人類の危機そのものとなる心配があります。

⑵「利己的遺伝子」が招いたのか

量子の特性の一つに「自分の生き残りを賭けて闘う」があります。それは、リチャード・ドーキンスの「利己的遺伝子」（注）とも通じます。そうした量子で形成されている人間の一人一人が「利己的遺伝子」の独立した宇宙です。

（注）『利己的な遺伝子』リチャード・ドーキンス著、日高敏隆／岸由二／羽田節子／垂水雄二訳、紀伊國屋書店、2006（増補新装版）

なかでも国際政治で、国家元首はそうした特性が突出しています。プーチン、習近平、金正恩、トランプ、ネタニヤフ、等々。彼らは自分の地盤を固めるためには環境破壊を厭いません。プーチンはウクライナ侵略のためには他国から借りてでもミサイルをウクライナに向けて発射しています。対抗上ウクライナもNATO、米国にミサイル、戦車、戦闘機を要求しています。ロシアは財政資金の3割を軍事費に回し、暖房機が故障して国民は寒さに震えていると報道されています。ネタニヤフはハマスの殲滅を目指し、連日のミサイル攻撃でガザ市民の犠牲者は増える一方です。中東、アフリカなどの地域でも同じです。統計はありませんが、こうしたミサイルの乱発は温暖化を高めないはずがありません。最近は他国の偵察用衛星を攻撃する「キラー衛星」が増加しています。宇宙ゴミは増える一方です。

5. 地球と共生できる社会を考える

(1)「相補性」で発想を転換する

これからどのように地球と共生する体制を作り上げていくのか。

経済システムを変更しても、地球と共生する見込みはまったくありません。プラネタリーバウンダリー（地球の限界）を指摘し基準値を定めて監視しようとしても実効性には疑問符がつきます。それではどのようにすればよいのでしょうか。ニールス・ボーアが熱心に唱導した「相補性」がキイワードです。周囲の環境が大きく変わった時に、これまでの考えの上に思考を積み重ねるのではなく、過去の思考の枠組みから離れて、新たな思考をスタートさせることで場面展開を図ることです。

資本主義は、地球の制約を全く考慮しないでやってくることが出来ました。むしろ地球という「自然」を空気と同じように無償の資源として貪り利益を上げてきました。自分たちの体がどんどん大きくなって、気が付くと自分たちの生存を支えていた資源の欠乏を招く事態になっています。理屈としては理解していても、具体的に行動するときは「利己的な遺伝子」に基づいて行動します。トランプ元大統領はその典型で、２０２４年の選挙で大統領に返り咲けば、気候変動に関するパリ協定から再び離脱し、米国内の石油・天然ガスの拡大するあらゆる障害を取り除くと約束しています（https://www.bloomberg.co.jp/news/articles/2024-01-10/ 参照)。

自分の支援者の票を獲得するのが最優先であって、地球といかに共生するかは関心の埒外に置かれているのです。各国の権力者たちの思考もほぼ同じです。その結果、さきに述べましたように、傷ついた地球の上にＧＤＰを積み重ね、人口を増やす結果になっています。新たに発せられている警告は弱く、温暖化抑制効果は限定的です。これからは「地球の限界」を政策選択の第一順位として行動することだと考えます。

⑵「地球の限界」への対応

第一に、地球の限界に対応するには、「経済」だけではどうにもなりません。戦争を含む経済外まで対象を拡大して対策を抜本的に講じていく必要があります。

第二に、「思考の枠組み」の大転換を図るには、資本主義のなかで生活してきた高齢層の思考転換には限界があります。自分が育ってきた「枠組み」から飛び出すことは難しいことです。これから「地球の限界」が引き起こす多くの問題に直面する若い世代が、「自分のこと」として、情報を集め、意見交換し、課題解決をさぐっていくしかありません。地球との共生はいろいろな形で一部報道され教育されているとは思いますが、最優先課題として取り組まれていません。まず何から考えていくべきでしょうか。

①まず被選挙権年齢の引き下げです。

現在は衆議員議員が25歳、参議員議員が30歳です。世界各国の下院の被選挙権年齢は、18歳33・3％、（65ヵ国：英国、フランス、ドイツなど）、21歳29・2％（57ヵ国：ロシア、メキシコなど）、25歳28・2％（55ヵ国：日本、米国、韓国など）です。ＯＥＣＤ加盟国に絞ると、18歳が21ヵ国（58・3％）と過半に達しました。先進国は、若者の政治参画を促す方向にあります（『日本経済新聞』２０２１年4月8日付参照）。

内外で危機感を共有し、的確有効な対策を講じていくことが喫緊の課題です。

②「量子コンピュータ」の深化と「文理融合」。

量子コンピュータは自然界を営む道理であって生産性の飛躍的向上が期待されます。地球を汚染することなく、むしろ地球環境の大幅な改善への期待です。いまその「入り口」に立っているところです。

現在は絶対零度を維持するためのエネルギーが必要ですが、いずれは自然界と同じ冷却や真空装置の要らない量子コンピュータが目標になります。それがこれからの科学の進歩への道であって人類が手に入れる「第二の火」と期待します。

理系を専攻される方の最も魅力的な研究対象です。最新の量子論の情報を入手して社会生活、経済生活の方向性を見定めることは文系の方の課題です。その意味でも「文理融合」は必至です。また量子論の理解は社会科学構築の大前提にならなければならないと考えます。

③学習指導要領「主体的・対話的に、より深く」。

素晴らしいメッセージと思います。あとは具体的にどのように実践するか、です。

今自分たちの置かれている状況を正しく認識すること。何が問題か、その問題を解決するにはどういう方法があるのか、を問いかける姿勢を習得することです。NHK－BSプレミアムで放映されていた「コズミックフロント」によりますと、天文学者たちは、誰かが新しい研究を発表しますと国籍を超えて、一斉に共同研究したり実験に協力したりする姿勢は感動的です。

「地球の限界」をどのように乗り越え、地球と人類が共生するシステムを構築するかを、国籍を超えて連携する仕組みづくりを共有する時代が来ると期待します。そのためにも世代交代が必要です。

④プラネタリーバウンダリーを指摘し、限界数値を管理するにとどまらず、積極的にそれらの数値を引きさげるための行動が求められます。買い物袋やスプーンなどの有料化にとどまらず、使用禁止など積極的な規制をする段階に来ています。わたしの周囲でも殺虫剤や枯葉剤を安易に使い過ぎです。その行動の意味するところを全く理解していません。企業にも深い反省が求められます。

企業活動による温室効果ガス排出や産業廃棄物がどのような経路をたどって地球を汚染

し、どのような結果をもたらしているのか。パリ協定の理念の表明に止まらず、可視化し、数値化し、教育と経済・社会の分野における取り組みの計画と実績を報告することです。今の状況は、取り組みは断片的であって力不足の感を否めません。

⑤「地球の限界」を乗り越えるには、経済の枠組みを超える必要があります。経済で克服できる問題ではありません。

ウクライナ紛争やパレスチナ紛争をはじめ中東、アフリカなどで紛争が増える一方です。ミサイルの在庫が払底するほど発射し続けています。在庫を一掃して新しい兵器を作るためでしょうか。二酸化炭素や有害物質を空中にまき散らし、環境汚染をしているにもかかわらず、プラネタリーバウンダリーの視点での批判を聞いたことがありません。

ロケットの発射も含めて、それらの限界値を検討していく必要があります。斎藤幸平東大大学院准教授は、「プラネタリーバウンダリー」や「ＳＤＧｓ」を唱えるだけでは、アリバイ作りのようなものであり、目下の危機から目を背けさせる効果しか持たないと述べています（前出『人新世の「資本論」』参照）。ご指摘の通りです。

⑥「産官学」による量子コンピュータ開発。

これからは「量子コンピュータ」を如何に早く開発するかが勝負になります。企業だけでは手に負えません。また企業だけでは「資本の論理」が働き、利潤追求が目的で、利潤も内部に蓄積する傾向があります。考える力を養う「学校教育」、大学による「基礎開発」、企業による「応用技術開発」、政府による「予算、税、開発体制整備」、これに全体を俯瞰し規制する第三者機関による監視チェック体制づくりです。

各国との連携、情報収集も重要です。

6．「資本主義」と「プラネット社会」の見方の違い

「資本主義」と「プラネット社会」の視点では功罪が逆のケースがあります。

ケース1：グローバリゼーション
それぞれの国に特有の産物を交換し合うことで生産性が上がり、多くの人々を扶養できるようになります。

それによって人口が増えると、地球に余計な負荷をかけ、化学肥料などの使用で生態系も乱します。

地球の制限のない経済の理論と、地球の制限がある場合の考え方は逆に作用します。

また交換経済は、災害や戦争などで外部と遮断されたときに食料、エネルギー、基本

素材など入手が困難になります。国家の安全保障を考えるならできるだけ自給自足を進めるべきで、我が国は最も典型的なケースです。

ケース２：格差の問題

フランスの経済学者ルカ・シャンセルが責任者となり、各国１００人余りの研究者がまとめた「世界不平等レポート２０２２」によると、世界の保有資産が上位10％に入る富豪が富全体の76％を独占していること、中間層40％が保有するのは富の22％、下位50％は同２％に留まることが明らかになりました（ＣＮＮ）。

かつては、富裕層の富が増えると所得の下層クラスまで富がしたたり落ちる（トリクルダウン）との説がありました。現実には富裕層が富の全てを吸い上げ、したたり落ちることはありませんでした。ただ、資本はグローバル化して賃金の安い国を求めることから、世界の人口は、欧米からアジアへ、そして今ではインド・アフリカへと世界人口を底上げしました。国連の報告書では、２０２３年80億４５００万人、２０３０年85億人、２０５０年97億人を見込んでいます。格差は倫理的に認められないことですが、人口が増えると、食料をはじめ衣服、住宅、家具などの需要増加をまねき、地球にゴミが増えます。「地球の限界」を念頭に置き地球と共生する社会をどのように作り上げていくのか。その視点から教育、経済、国際問題などを再構築することの重要性を「相補性」は示唆しています。

7.プラネット再生への道

第一に、量子コンピュータの技術進歩への期待です。量子には、「真空のエネルギー」から生じた現在の科学では解明されていない特性があります。私たちが目にしている自然界の様々な現象、例えば四季の変化、光合成、蜘蛛が織りなす絶妙な巣づくり、ハチドリのホバリング、等々。数え上げればキリがありません。誰からも教えられることなしに難なくこなしています。これらは量子の働きによるものです。人間の科学は進歩を重ねてスーパーコンピュータまできました。その延長線上に「量子コンピュータ」と考えられていますが自然界に計算はありません。むしろ「量子アニーリング方式(金属の焼きなまし)」の方が量子の特性に近く、同時に自然界にも親和的なシステムと考えられます。これから10年、20年経てば、現在の絶対零度(マイナス273℃)まで冷やすための希釈冷凍機を必要とせず電力などのエネルギーも使わない自然な「量子コンピュータ」へ進むに違いありません。そう期待します。その時の「量子コンピュータ」は、スーパーコンピュータよりもはるかに性能が高く応用範囲も広く、地球にやさしい技術であって多くの課題を解決してくれるでしょう。さまざまな自然条件を克服し食料生産の改善も可能になるのではないでしょうか。また量子コンピュータを稼働することに要するエネルギーはわずかで済み、現在のような鉱物資源を採掘して地球環境を破壊することもなくなるはずです。量子はもともと自然界の理(ことわり)です。

第二に、若い世代への期待です。いまの若い世代は生まれた時からインターネットやスマートフォンに囲まれた環境に育っています。小学生の時から自然言語でチャットＧＰＴから知識を得ることが出来ます。老若世代間の格差は計り知れないものがあります。ですから教育といっても、年長者が教えるというよりは、自らがいろいろな問題にぶつかり、考え学び議論して最適と考える方向を目指して行動する、そういう世代になると期待しています。そうであれば彼らの課題はおのずから明らかであり、進むべき方向も定まってきます。年長者は若い世代がすくすくと育つように環境を整えることに専念するのがベストです。北欧諸国はかなり昔からそのような教育であったそうです（『「分かち合い」の経済学』神野直彦著、岩波新書、２０１０　参照）。

第三に、資本主義は、左記のような理由で既に限界にきています（①②については166頁で既述しました)。

①フロンティアの消滅。

②国際資本投資先が順次拡大した結果、今では巨額の国際資本投資の受け入れ先は限定的となりました。

③「重厚長大」から「軽薄短小」への移行です。

1990年代以降、インターネットにはじまり、デジタル化、AI化、データ化、サイバー化、最終的には量子コンピュータ化です。GDPの中味が無資産化に向かっています。GDPは「所得＝消費＋投資」で構成されますが、「投資」が小さくなると、政府が財政で埋めないと不況を招きます。民間投資が不足したときに財政投資で不況を回避するのがケインズの理論です。日本がバブル崩壊以降に大量の国債を発行して民間投資を補塡しましたが、国が破綻することはありませんでした。ただしゾンビ企業が生き残るなど、国家の体質が劣化しました。また日銀が異次元の金融緩和で民間に資金供給しましたが、企業は含み損を抱えている中でリスクに挑戦できず内部留保を高めるだけでした。要するにリスクに見合う収益機会がなくなり、特に日本では資本主義になくてはならない「チャレンジ精神」が喪失し、資本主義は機能しませんでした。

④資本主義が独り勝ちになったことがあります。

商品を生産しても消費者が買ってくれなければ商品は売れません。付加価値に占める労働分配率は低下しましたが、労働者＝消費者です。物価が上がる中で実質賃金が下がれば、消費税率の引き上げにさえ耐えることはできません。生産すれば、それに見合う需要が生まれるという「セイの法則」は通用しないのです。ヴォルフガング・シュトレークは「資本主義は常に不安定で流動的であり、労働組合や、戦争の時には若者には血の提供を、企業には税加算など、常に制約を受けてきました」（前出『資本主義はどう終わるのか』）と述べています。

ところが、グローバリゼーションの中で企業は国家のインフラを利用しているにもかかわらず、納税はタックスヘイブンなどで収益を社会に還元しないことも社会を疲弊させてきました。

つまりは資本主義は独り勝ちになった結果、自らの製品・商品の顧客の体力を弱めてしまったのです。

⑤企業間格差の拡大があります。

収益を享受したのは「GAFA」などのプラットフォーム企業（システムやサービスの基盤を提供する企業）でありそれ以外の企業の収益は圧迫されています。企業の中でも格差が拡大する歪んだ資本主義が常態化してしまいました。収益力が低下した企業は、機会があれば地球の限界を超えても生産に走るでしょうが、資本主義のシステムとはやや異なる側面と考えます。

第四に、経済への対策です。

①熱量の引き下げ。

化石資源を燃焼する行為をすべてリストアップしなければなりません。

・戦争でミサイルを乱発する行為

・ロケット

・ジェット機、大型コンテナ船、自動車、などの化石エネルギーの転換

運搬コスト引き下げではなく、地球に負荷をかけない技術開発です。

②積極的に気候変動への効果的施策、生態系の回復策を図る。

・宇宙ゴミ、海中プラスチックの除去、サンゴ礁の回復

終章

1．まとめ

チャットＧＰＴが現れて、改めてヒトとは何かが問われました。その旅路を終えて、申し上げたいのは次の四点です。

第一は、ＡＩはあくまでヒトに従属する道具であって、ヒトを支配することはないということです。

むしろ、その能力の高さから、社会を効率化し、ケインズの言うように労働時間は大幅に削減されて、趣味・スポーツ・研究を楽しむ世界への架け橋になるのが生成ＡＩかもしれません。その意味でも両者は相補性の関係にあります。

第二に、ヒトは１３８億年の工程をへて作り上げられた作品であって、繊細で高度の機能を有している存在です。空海など過去の人物の偉業が証明していますように、これからも非凡な能力を発揮する人材が輩出すると考えます。残念ながら、その「多様性」のゆえに様々なヒトがいて人類を破滅に追い込むヒトもいるということです。その両極端のなかを、うまく舵取りしなければならない宿命を負った存在でもあります。

第三に、量子力学は、生命の科学であり、自然界の理(ことわり)が本来の姿と考えます。現在は「量子コンピュータ」として計算機が主流とみなされています。「真空のエネルギー」に示されますように、「量子の二重性」「量子もつれ」「量子トンネル」などこれまでの人間社会になかった「ことわり」の世界であって、そうした考えによって新しい科学が構築されていくに違いありません。

第四に、やはり資本主義は終わったと考えます。国際経済で残されているフロンティアは中東、アフリカしかありません。それが一巡しますと、世界人口が頭打ちとなって減少に向かうことは国連の人口予測が示しています。資本主義ではなく低成長率の経済であっても地球の制限を超えてしまいます。

あくまで仮説ですが、GDPの中味が大きく変わってきた結果、数値上GDPが大幅に増加しながら、プラネタリーバウンダリーの限界値がこの程度にとどまっているのかもしれません。『Earth for All　万人のための地球』が指摘するようにいますぐ行動し、権限を有する政府が新しい施策を立案することで、ウェルビーイング経済は実現できるということでしょうか。決定打を放てるのは「政府」であると強調しています。
つまり資本主義は終わったのです。そしてヒトの叡智が試される時代となります。

2．GDPの変容とこれから

ここに大きな疑問が生じました。1972年にローマクラブが鳴らした警鐘は「成長の限界」でした。通常、成長とはGDPで計測されてきました。そこで1950年から2020年までの世界の名目GDPを計測しますと約3倍の増加でした。地球を汚染するのは経済成長の残滓であり、自然を汚染する農薬・殺虫剤、自然環境の汚染等と考えられています。70年の経済活動でGDPが3倍に成長したのであれば地球はボロボロになっているはずです。日本でも1970年前後では公害が大きな問題でした。その後の新興国の経済成長も、負の側面として公害が問題視されてきましたので、経済成長とプラネタリーバウンダリーは表裏一体と考えられてきました。つまり経済が成長すれば地球の限界値に近づくとの暗黙の前提があったということです。

GDPの起源は1930年代であって戦費調達用の統計値として米国の経済学者のサイ

モン・クズネッツが開発しました。この功績により１９７１年にノーベル経済学賞を受賞しました。彼は、軍事費などは経済的な豊かさにつながらないとして支出から差し引くべきとしましたが、政府に退けられました。その後、今日まで各国の経済規模を測定し比較する経済指標として広く使われてきました。

しかし２０００年前後から、経済成長と公害などの負の遺産との関係は大きく変容してきたようです。どのように変容したのかは今後の分析にまちますが、おおよそ次のように推測いたします。

第一に、１９９０年代以降のインターネットやＩＴ化などの「経済の無資産化」です。かつての実物資産による経済成長と異なり、「経済の無資産化」による付加価値の増大がＧＤＰの増加に寄与しました。その結果、経済成長は自然を汚染することが少なくなったと考えられます。これからもＡＩの普及で生産性が向上します。また量子コンピュータの進化によっても付加価値が増加します。引き続きＧＤＰは増加しますが、ＧＤＰの増加に対する汚染残滓の比率は格段に少なくなると考えられます。人口増加による資源の消耗は免れません。

第二に、近年の紛争の増加およびミサイルなどの破壊力の増加が地球の限界値を更新するであろうことは容易に想像できます。２０１９年の世界の名目ＧＤＰ87・４兆ドルに対して世界の軍事費は１・９兆ドルでシェアは２・２％、２０２３年は２・４兆ドルで前年比＋６・８％の大幅な伸びでした。比率は低くても、全額が地球破壊の費用です。戦争のない世界の構築はいまの国際情勢では難しく、次の世代の相互連携に期待せざるを得ません。

第三は、女性の権利が向上し、社会進出が増えてきたことです。それまで女性の家事・育児・介護などは一種の「内部経済」としてＧＤＰに反映されませんでした。女性の社会進出の増加とともに、内実は変わらなくてもＧＤＰの増加に貢献したと推測されます。もし、自然に負荷をかけることなしにＡＩや量子コンピュータで大幅に付加価値を上げることが出来るならば、「人件費を高める」つまり労働時間を短縮できます。また自然環境を改善する投資に回すこともできます。

この70年で「経済成長」と「自然への負荷」の関係は大きく変わってきたことが「ＧＤＰ3倍」に表れたようです。これからは、経済成長と自然の負荷の関係を計測し、プラネタリーバウンダリーの軽減に向けて積極的な投資が求められます。とにかく大気汚染、海洋汚染、異常気象の現状は待ったなしです。

おわりに

「世界終末時計」が米国の『原子力科学者会報』の表紙絵に載せられています。日本に原爆が落とされた2年後にはじめて考案・掲載されました。人類と世界の終末を「午前0時」になぞらえて、それまでの残り時間を象徴的に示したもので、スタートは7分前に設定されました。同会報1989年10月号からは、核兵器からの脅威のみならず、気候変動による環境破壊や生命科学の負の側面による脅威なども考慮して、針の動きが決定されています。1989年に冷戦が終結し1991年に17分前。2020年からは、中距離核戦力全廃条約失効による核軍縮への不信感、米国・イランの対立、宇宙・サイバー空間上における軍拡競争の激化、気候変動に対する各国の関心の低さ、新型コロナウイルス感染症(COVID-19)の歴史的蔓延、ロシアのウクライナ侵攻における核戦争リスクの増加、などを反映して、90秒前に時計の針が進められました。中東・アフリカにおける紛争増加、異常気象の進行、などが一段と進行していますので時計の針はさらに進みそうです。氷山に激突する寸前の船の上でパーティを開いて踊り呆けているとしか思えません。前出の『沈黙の春』や「ローマクラブ」の警告から50年、為すすべもなくここまで問題を放置してきました。

私たちの世代は、難局に対処する能力を失っていたのかもしれません。わたし自身もこれまで経済についてしか考えてきませんでした。地球にヒトが生存できるかどうかの大問題に関して、当事者となる若い人たちにバトンを渡してしまうことは申し訳ない限りです。次の世代へ頭を下げて、難問解決に当たってもらうしかありません。

各分野の方々の知見をお借りして、量子とヒトの関係を考えてきました。ブレインストーミングであり自問自答でテーマを追いかけてきました。

最後までお読みいただき感謝申し上げます。

2024年7月22日

吉成正夫

【主要引用参考文献】

大栗博司著、『大栗先生の超弦理論入門』、講談社、2013年
佐藤勝彦監修、『「量子論」を楽しむ本』、PHP文庫、2000年
佐藤勝彦監修、『図解　量子論がみるみるわかる本』、PHP研究所、2004年
佐藤勝彦著、『インフレーション宇宙論』、講談社、2010年
本間希樹著、『宇宙の奇跡を科学する』、扶桑社、2021年
吉成正夫著、『量子論でみる社会と経済』、東京図書出版、2022年
エルヴィン・シュレーディンガー著、岡小天／鎮目恭夫訳、『生命とは何か』、岩波文庫、2008年
チャールズ・H・ラングミューアー／ウォリー・ブロッカー著、宗林由樹訳、『生命の惑星（上・下）』、京都大学学術出版会、2021年
S・ディクソン＝デクレーブ／O・ガフニー／J・ゴーシュ／J・ランダース／J・ロックストローム／P・E・ストックネス著、武内和彦監訳、ローマクラブ日本監修、森秀行／高橋康夫訳、『Earth for All 万人のための地球』、丸善出版、2022年
レイ・カーツワイル著、『シンギュラリティは近い』、2005年（日本語翻訳版：井上健監訳、小野木明恵／野中香方子／福田実共訳、邦題『ポスト・ヒューマン誕生』、NHK出版、2007年）

吉成正夫（よしなり　まさお）

一九三八年、長野県生まれ。新潟県立新発田高等学校卒業。

一九六三年、東京大学法学部卒業、東洋信託銀行（現・三菱ＵＦＪ信託銀行）入行。営業店を経て、投資コンサルタント、取締役年金運用部長、同調査部長などを歴任。

一九九三年、関係会社役員就任。

二〇〇五〜二〇一三年、十文字学園女子大学非常勤講師（証券分析論）。

著書：『量子論でみる社会と経済』（東京図書出版、二〇二二年）

自然とヒトにやさしい「量子論」

二〇二四年九月一日　第一刷発行

著　者　吉成正夫
発行者　堺　公江
発行所　株式会社講談社エディトリアル
〒一一二-〇〇一三
東京都文京区音羽一-一七-一八　護国寺ＳＩＡビル六階
電話（代表）〇三-五三一九-二一七一
（販売）〇三-六九〇二-一〇二二
印刷・製本　株式会社ＫＰＳプロダクツ

定価はカバーに表示してあります。

落丁本・乱丁本は、ご購入書店名を明記のうえ、講談社エディトリアル宛にお送りください。送料小社負担にてお取り替えいたします。


ISBN978-4-86677-155-7